RESULTADOS DE LA IGNORANCIA

Obed del Toro Lugo

DEL TORO
Books

RESULTADOS DE LA IGNORANCIA

@2021 OBED DEL TORO FUGO

Impreso en los Estados Unidos de América

ISBN-13: 978-1-7373762-0-0

LCCN: 2021911733

Del Toro Books
Lakeland, Florida

Índice

Prefacio

Desde el año 1962 que llegué a los Estados Unidos de América, he visto y vivido los cambios y comportamiento tanto de los ciudadanos, de los políticos, y aun de un preocupante número de cristianos; y cuando digo cristianos no me refiero solo a evangélicos, me refiero a todos los que proclaman ser creyentes de Cristo. Y para mi han sido cambios muy preocupantes ya que ninguno ha sido positivo; por todo lo contrario, han sido cambios muy negativos, especialmente el rumbo radical y opuesto a los valores humanos y a lo establecido por Dios el Creador de todas las cosas positivas que han tomado muchos políticos. Esa preocupación me ha llevado a escribir en detalles la información en este libro, con el propósito de ver si podemos analizar con honestidad y transparencia las realidades que se han estado ignorando, y que sin duda alguna están trayendo muy malos resultados. Sin duda alguna el país va derecho al fracaso en que ya en muchos aspectos nos encontramos; y para mí es muy preocupante que tanto los políticos, como los ciudadanos, incluyendo un preocupante número de cristianos, están ciegos, y sordos ante lo que está ocurriendo. Por el contrario, en lugar de recapacitar de todos los malos comportamientos y las malas decisiones tomadas, cada día continúan llevando al país al seguro fracaso. Toda la información que he escrito, tanto política, como científica y teológica, no está basada en especulaciones, asunciones, o interpretaciones; está basada en las informaciones científicas, bíblica y hechos en un cien por ciento. El país que su fundamento y la constitución fueron hechas en base a lo establecido por Dios, ya quedó atrás; y Dios eliminado absolutamente de todo. Para la gran mayoría de los políticos y ciudadanos, el valor que le están dando a Dios, es el mismo valor que tiene un cero a la izquierda; y aunque no lo quieran aceptar por estas mismas razones pasaremos por momentos mucho más difíciles que los que nos estamos enfrentando hoy día, y será el final de América como lo explico detalladamente en la siguiente indiscutible información.

Introducción

La ignorancia tiene dos definiciones, 1) Falta de conocimiento; 2) teniendo conocimiento Ignorar. Para mucha gente el clasificarlos de ignorantes les es ofensivo y hay personas que usan este término con el propósito de ofender, usando el término burro o idiota. Pero hay una realidad y es que todos en algo somos ignorantes. Por ejemplo, un científico es muy inteligente, pero su gran mayoría son ignorantes en teología; y esto quedará más que demostrado en la información más delante de la verdad y la mentira del cambio climático. En el segundo término, aunque tengamos conocimiento optamos por ignorar. Por ejemplo, tenemos conocimiento que no se puede pasar una luz roja, pero ignoramos la ley y pasamos la luz. En ambos casos los resultados de falta de conocimiento o ignorar pueden ser catastróficos y con muy malos resultados. El cruzar un semáforo en rojo nos puede causar una multa, pero también nos puede causar la muerte, o la muerte a otros. Platón le dijo a Sócrates, que existe un solo bien, que se llama conocimiento; y un solo mal que se llama, ignorancia. En el tiempo en que ya estamos viviendo aquí en los Estados Unidos de América, el país líder del mundo y supuestamente de los más civilizados, estamos presenciando las dos categorías de la ignorancia en grandes números de ciudadanos. Los actos de violencia también son por falta de conocimiento o de ignorar de las leyes. En la gran mayoría de los casos, si no es en todos, la gente llega a conclusiones sin tener un buen conocimiento de los hechos; y como resultado hacen destrucciones y hasta le quitan la vida a gente inocente. Aristóteles dijo que el ignorante afirma o da por hecho, mientras el sabio duda y reflexiona. Un ejemplo claro fue el del famoso caso de George Zimmerman, sucedió de la siguiente manera: En la comunidad en que vivía el señor Zimmerman, los mismos residentes son usados para vigilar la comunidad ya que robaban semanalmente de acuerdo con los informes de esta comunidad. Este día, el señor Zimmerman, estaba de guardia cuando vio al joven TM, caminando por la parte trasera de las casas. Ya que ese no era el lugar para caminar, y por lo que venía ocurriendo, lo tuvo por sospechoso e inmediatamente llamó a la policía; le informó del sospechoso, y que lo estaba siguiendo en lo que ellos llegaban para que no se fuera a escapar. La policía le dio órdenes de no seguirlo, y regresar a su auto ellos estarían allí en cuestión de minutos. Zimmerman inmediatamente hizo siguiendo las instrucciones de la policía. La policía le preguntó qué le diera la descripción del sospechoso, de quien se trataba, y de la ropa y color que vestía. El señor Zimmerman le dijo, es un joven negro que tiene un suéter que le cubre la cabeza. Un reportero de la televisión mal intencionadamente sacó la conversación de contexto, y mal informando a los televidentes dijo que el señor Zimmerman, había matado el joven porque era de la raza negra. Puso la parte de la grabación, omitiendo la pregunta de la policía, y solo puso donde Zimmerman contestando la pregunta de la policía dijo, es un negro; y luego enfatizo que lo dio por ladrón porque era un negro de los que se visten cubriéndose la cabeza. Por esta mala información, muchos sin tener el conocimiento de la realidad, hicieron sus conclusiones y decisiones de hacer una revuelta de destrucciones de billones de dólares. En el juicio salió a relucir por los mismos fiscales que lo enjuiciaron, que el caso no se trataba de racismo. El presidente Obama ordenó a Eric Holder, a hacer una investigación civil, para asegurarse que no lo había asesinado por racismo. Después de un año se concluyó que no se había tratado de racismo. Lo mismo sucedió en los casos de los Ángeles, con King, y los casos de San Luis y Baltimore. Las destrucciones que están llevando a cabo en estos días por el caso de G Floyd, no son otra cosa que actos de ignorancia por las siguientes razones. Primero aclaro que lo que hizo este policía no tiene nombre; en ninguna sociedad se puede permitir un crimen como este; por lo tanto, hay que hacer verdadera justicia en este caso. Sin embargo, sin antes de tener evidencia alguna que el crimen fue cometido por el color de la piel, han destruido el país por trillones de dólares, y han mutilado y matado a algunos policías. No solamente han matado policías, también gente inocente incluyendo niños. En lo que va del año hasta Junio 2020, han ejecutado 27 oficiales de la policía. Todas estas cosas suceden porque los manifestantes piensan que por medio de estos comportamientos van a lograr terminar con el racismo, aunque hasta ahora no hay pruebas que lo mató por el color de la piel. Lo que están suponiendo es que esa fue la razón. En todo caso, fuera esa la razón o no, en mi forma de ver, están en una gran equivocación creyendo que con esa forma de comportamiento van a terminar con el racismo. Puede que logren algunas cosas como la Reforma a la policía. La Reforma a la policía puede ayudar a que no haya crímenes y abusos por parte de la policía, pero no va a terminar con el racismo. Nótese que hay una contradicción entre lo que los manifestantes claman, y la intención de la Reforma. Los manifestantes claman que la policía mata a los de raza de color por racismo. La Reforma es para corregir las malas aplicaciones que usa la policía causando muertes y abusos. Lo que claramente quiere decir que no matan por racismo, sino por malas aplicaciones como la sofocación o estrangulación. Por ejemplo, por las malas aplicaciones de la policía en lo que va del año hasta Junio 2020, no solo han matado 88 de la raza negra, también han matado 172 de la raza blanca, 57 hispanos y 14 de otras razas. Lo que deja más que claro que no se trata del color de la piel. Lo que hay que entender es lo siguiente, ninguna Reforma puede corregir el racismo; el racismo es un mal atributo en la mente, el alma y el corazón; por lo que ninguna Reforma lo puede detener; el único que puede cambiar esto es Dios, y en algunos casos la educación. Como mencioné, la Reforma puede corregir algunas cosas, pero nada que ver con detener las malas acciones por racismo. La base de mi información viene de la biblia, que ni las revueltas destructivas, ni las reformas podrán detener los abusos y las opresiones, todo esto seguirá de mal en peor. La siguiente información deja claro que esto no lo va a arreglar nadie solo Cristo será el que terminará con la opresión, cuando establezca Su Reino aquí en la tierra.

Isaías 11:1-10

Reinado justo del Mesías

¹Saldrá una vara del tronco de Isaí, y un vástago retoñará de sus raíces. ²Y reposará sobre él el Espíritu de Jehová; espíritu de sabiduría y de inteligencia, espíritu de consejo y de poder, espíritu de conocimiento y de temor de Jehová.³Y le hará entender diligentemente el temor de Jehová. No juzgará según la vista de sus ojos, ni argüirá por lo que oigan sus oídos; ⁴sino que juzgará con justicia a los pobres, y argüirá con equidad por los mansos de la tierra; y herirá la tierra con la vara de su boca, y con el espíritu de sus labios matará al impío.⁵Y será la justicia cinto de sus lomos, y la fidelidad ceñidor de su cintura. ⁶Morará el lobo con el cordero, y el leopardo con el cabrito se acostara; el becerro y el león y la bestia doméstica andarán juntos, y un niño los pastoreará. ⁷La vaca y la osa pacerán, sus crías se echarán juntas; y el león como el buey comerá paja. ⁸Y el niño de pecho jugará sobre la cueva del áspid, y el recién destetado extenderá su mano sobre la caverna de la víbora. ⁹No harán mal ni dañarán en todo mi santo monte; porque la tierra será llena del conocimiento de Jehová, como las aguas cubren el mar. ¹⁰Acontecerá en aquel tiempo que la raíz de Isaí, la cual estará puesta por pendón a los pueblos, será buscada por las gentes; y su habitación será gloriosa.

Apocalipsis 21:1-4; Vi un cielo y una tierra nuevos; porque el primer cielo y la tierra pasaron, y el mar ya no existía más. Y yo Juan vi la santa ciudad, la nueva Jerusalén, descender del cielo, de Dios, dispuesta como una esposa ataviada para su marido. Y oí una gran voz del cielo que decía: He aquí el tabernáculo de Dios con los hombres, y Él morará con ellos; y ellos serán su pueblo, y Dios mismo estará con ellos como su Dios. Enjugará Dios toda lágrima de los ojos de ellos; y no habrá muerte ni habrá más llanto, ni más clamor ni dolor; porque las primeras cosas pasaron.

El mal comportamiento de muchos ha existido desde el principio de la humanidad. En cuanto al racismo, si se analiza lo siguiente no hay razón alguna para ser racista; por supuesto si creen lo que enseña el sagrado libro de la biblia. Aparte de ser pecado, la historia dice que después del diluvio sólo quedó Noé su esposa y tres hijos. Génesis 10:1, *Estas son las generaciones de los hijos de Noé: Sem, Can y Jafet, de quienes nacieron hijos después del diluvio.* El verso 32 del mismo capítulo dice que de su descendencia se esparcieron por toda la tierra. Más bien toda la humanidad somos descendientes de los tres hijos de Noé. Más adelante doy la información completa en la parte de los emigrantes. Esto lo menciono porque existe solo una realidad; aunque unos son blancos, otros negros, y otros brown y amarillos, todos procedemos de la misma descendencia. El racismo siempre ha existido, en el tiempo en que vivimos los políticos y los medios de comunicación lo están usando como una herramienta para crear odio y división entre la humanidad con fines políticos. Creo que es muy preocupante ver como un gran número de ciudadanos están siendo presa de malas informaciones de parte de muchos políticos, y muchos medios de comunicación y los que están a propósito mal informando, inventando, mintiendo, especulando, y en muchos casos no informando lo que no les conviene. En mi forma de ver, creo que son ellos los responsables de todo odio, división, destrucciones y crímenes; por esto creo que es muy importante saber de qué fuente recibimos la información. Cuando ingerimos alimentos no aprobados por el departamento de salud, tal vez con bacterias o venenosas, los resultados son enfermedades mortales. Dice un libro de ciencia médica, que hay alimentos que no son aprobados por el departamento de salud, como por ejemplo ciertas yerbas, ciertos mariscos y otras cosas que alguna gente come. Estos alimentos van dañando las neuronas y como resultado enfermedades cerebrales, y aún mortales. Lo mismo sucede en los alimentos de la política de estos días. En lo que a mí se refiere, basándome en las informaciones que algunos dan en los medios sociales, y después de tomar tiempo para informarme correctamente por ejemplo, en cuanto a los casos migratorios, me informo del DHLS; y me informo viendo en vivo los debates del congreso y el senado, y otras fuentes como el C-SPAN News solo dan información gubernamental, y toman llamadas en vivo de las opiniones públicas, y me informo del https://www.gov.org/ Me he dado cuenta claramente, de los alimentos venenosos que a diario ingiere la gente de los medios de comunicación liberal. Los resultados también están siendo catastróficos y mortales. Bien dice la biblia a lo malo le llaman bueno, y a lo bueno malo. Estados Unidos (moralmente) ya murió; no creo sea necesario dar las indiscutibles razones; lo que hay que analizar con honestidad es ¿Quiénes lo han llevado a esta muerte? Daniel 12:10 dice, *que en el tiempo del fin en que ya estamos, los impíos procederán impíamente, (más bien desenfrenadamente); pero los entendidos comprenderán.* ¿Por qué doy esta información? Sin duda alguna la prensa liberal, a diario le está envenenando la mente a la gente con incorrecta y malintencionada información, y muchos ciudadanos incluyendo muchos cristianos y aun ministros dando por hechos estas informaciones. Quiero aclarar con honestidad, que la siguiente información no se trata de defender al presidente Trump, lo que defiendo es mi Fe cristiana. No recibo beneficios ni de Trump ni de ningún partido político. Tengo claro que lo máximo que un presidente de acuerdo con la constitución puede estar en el poder son 8 años. Lo que está haciendo la prensa liberal con el presidente Trump es lo que exactamente le hicieron al presidente Reagan, y a los 2 Bush. Y es lo mismo que le van a hacer a cualquier conservador que salga electo. En cambio, todos los Presidentes demócratas tienen su apoyo en un cien por ciento. Ya no existe la prensa imparcial, lo que tenemos por prensa y comentaristas son activistas de los partidos políticos. Y la realidad es que esto no se trata de la personalidad de los Presidentes, sino de sus posturas políticas. Los que no se han dado cuenta de esta realidad tienen que estar delirando.

Es importante entender que desde los últimos años del reinado del rey Salomón, el cual hizo lo malo ante los ojos de Jehová, y el cual comenzó a ensancharse contra el pueblo, comenzaron las divisiones. Por medio del mismo hijo de Salomón, Israel se dividió hasta el día de hoy. Desde el principio de la humanidad los pueblos y sus líderes comenzaron a servirle a otros dioses y hacer lo malo ante Dios. Como consecuencia Israel fue cautiverio dos veces, en Asiria y Egipto. Desde entonces hasta este día, Dios los ha librado y han ganado todas las batallas; la última recientemente fue en 1967. Por ser el pueblo escogido de Dios, y por no convertirse en musulmanes, todos los países del medio Oriente, los odian. Todos estos países del medio Oriente son los que se han rebelado contra Dios, y todos son Musulmanes. Mi información es la siguiente; el diablo vino a hurtar matar y destruir. Hoy día el diablo está usando políticos que no solo son enemigos de Estados Unidos, sino del mismo Dios. La guerra del presidente Trump con los políticos en Washington, y las acusaciones de racista, divisionista, mentiroso, y hasta dictador, no son otra cosa que buscar como derrocarlo y sacarlo del poder. La gran verdad es que no se trata de racismo sino de ideología y poder político. Hay un gran número de gente como Ben Carson y muchos más de la raza negra que conocen personalmente muy bien al presidente, y aseguran que no es racista; aparte que un racista no emplea una nana de la raza de color para que trabaje en su casa ayudándole con sus hijos; y la verdad es que todas las acusaciones siempre han sido con fines políticos basadas en especulaciones, asunciones e interpretaciones mal intencionadas. Un ejemplo claro es el siguiente, en los 8 años que estuvo Obama en la presidencia; ¿Qué hizo por los afroamericanos? absolutamente nada. Cuando tomó la presidencia el nivel de pobreza nacional era de 12.2%, cuando salió de la presidencia había subido al 14.8 %. El nivel de pobreza de los afroamericanos lo dejó al 26%, y los hispanos al 23.7%. En cuanto al porcentaje de desempleo, los afroamericanos al 11.51, y los hispanos al 9.3%. El presidente Trump entró a la presidencia, y por medio del corte de impuestos y de quitar más de dos mil regulaciones a las empresas, creó más de 7 millones de empleo; bajo el nivel de pobreza nacional al 10.5% el más bajo en la historia; bajo el nivel de pobreza de los afroamericanos del 26 %, al 18%, y el de los hispanos del 23 % al 15%. Bajó el desempleo de los afroamericanos del 11.51 al 5.4%, y el de los hispanos del 9.3 al 4.1%, en ambos casos lo más bajo en su historia. Otra cosa que hizo por la minoría fue, hacer una reforma judicial incluyendo estudios vocacionales; y como resultado más de cuatro mil de ellos libres, y trabajando en lo que estudiaron. ¿Qué informa la prensa liberal? que él es el malo, racista y divisionista, aunque los hechos dicen otra cosa.

Como todos sabemos en casi un 100% nos equivocamos en quienes son los buenos y los malos en las películas de Hollywood. Al final de la película no podemos creer que los que creíamos buenos eran los malos. En Washington DC comenzó una película con el título Rusian Collusion, la misma noche que Trump fue declarado ganador. En el primer capítulo que tomó más de 2 años y 45 millones de dólares lo declararon inocente. En el segundo capítulo, del Pre Pro Quo, el llamado a Ucrania también fue declarado inocente. En las películas de Hollywood la intención de los promotores es de hacer creer que el malo es el bueno y el bueno el malo. En la película de Washington DC, los promotores titulados prensa liberal, se encargaron de hacer creer que el malo era Trump, un divisionista, mentiroso, racista, abusador de mujeres, y una larga lista negativa de su persona que todos conocemos. En cambio, los buenos de la película eran los demócratas encabezados por B. Obama, J. Biden, A. Schiff, J. Nadler, E. Sawalwell, y el resto de la pandilla. Como he mencionado en otros de mis anuncios tengo más que claro que no creo en lo que absolutamente nadie informa, y mucho menos cuando se trata de las informaciones de enemigos declarados, ya sea de boca o por escrito; solo creo en los hechos que son los que hablan. Y aunque muchos tienen su mente cauterizada, producto de las malas y venenosas informaciones por los ya mencionados, los hechos están demostrando quienes verdaderamente son y han sido los malos de la película de Washington. Por ejemplo, en el primer capítulo de la acusación de Russian Collusion , fue H. Clinton la de la Colusión y no Trump y la evidencia la encontraron en el dinero que pagó para que hicieran las acusaciones contra el presidente Trump. En el segundo capítulo del Pre Pro Quo, fue Biden el del Pre Pro Quo y no Trump; la evidencia del video de Biden; si no votan el fiscal que está investigando mi hijo, no les doy el billón y medio asignados a ustedes; tienen 6 horas para hacerlo. Por supuesto antes de las 6 horas lo votaron; y por supuesto sin el permiso de Obama jamás hubiera hecho tal declaración. En cuanto a la investigación de su hijo ha venido negando de no saber nada, ni de haber tomado ni un centavo de los muchos millones de dólares que ha obtenido su hijo de China y Ucrania; pero los correos electrónicos, y el ex asociado de negocio de su hijo dicen todo lo contrario. Aparte que sabemos que, sin su envoltura, su hijo no hubiese llegado ni al aeropuerto a coger el avión; mucho menos a ganarse todos esos millones sin tener ni conocimiento y ni experiencia alguna. En cuanto a Swalwell, enérgicamente acusó a Trump de culpable en el caso de la Colusión Rusa (Russian Collusion), ahora resulta que el que tiene vínculos con los enemigos de EU, es él. Obama declaró que Trump era un racista porque tenía a los ilegales encerrados en las jaulas que él mismo fabricó, y que también los tenía encerrados; los dejo libres por la orden de un juez, que le dijo que no podía tenerlos encerrados por un tiempo indefinido. Aparte que, hasta hoy, ha sido el presidente incluyendo a Trump, que más gente ha deportado. Los promotores se han encargado en base a sus propias interpretaciones, especulaciones y mentiras, a presentar a Trump como el malo de la película. Sin duda alguna es un hombre de carácter fuerte y de firmeza, es la razón de todos sus éxitos tanto en la presidencia como en sus negocios; y pienso que era lo que necesitaba la nación para lograr sin discusión todo lo que logró. Haber sido un presidente de ley y orden y con firmeza sin blandenguerías no lo clasifica ser un hombre malo. Tampoco el hecho que Biden se presenta y habla como cordero, hay que clasificarlo como el bueno; me recuerda a Apocalipsis 13:11 tiene cuernos como un cordero, pero habla como Dragón. Lo siguiente son los hechos. Racismo; #1; en el 1977 Biden dijo que se oponía a la segregación de razas porque no quería que sus hijos crecieran en una jungla racial. 2) A diferencia de la comunidad Latina, la comunidad afroamericana, tiene una cultura mucho más inferior a comparación de los Latinos... 3) En Delaware, el mayor crecimiento de la población es el de los indios-estadounidenses que se mudan de la India. No se puede ir a un 7-Eleven o Dunkin Donuts a menos que tengas un ligero acento indio. 4) Si los negros no votan por mí no son negros. 5) La misma que él escogió para vicepresidenta K Harris, en uno de los debates para la nominación, lo acusó de racismo porque en los años 70's tenía buenas relaciones con abogados segregacionistas, y colaboró con ellos para oponerse a la transportación de niños a las escuelas mientras se estaba tratando de corregir la segregación en los 70's. En cuanto a los abortos que ya han ejecutado 60 millones de bebes, el malo Trump se opone; el bueno Biden está de acuerdo y votó a favor. Los casamientos del mismo sexo, Trump se opone, Biden está de acuerdo. Pastillas de anticonceptivos aun para niñas menores, Trump se opone, Biden votó a favor. Quitar las oraciones y hablar de Dios en las escuelas, Biden votó a favor y que fuera prohibido. Trump eliminó el ser prohibido y ordenó a regresar las oraciones y el hablar de Dios libremente. Los promotores hablaron pestes de Trump, y lo acusaron de criminal por haber dado la orden de matar al terrorista general de Irán que se encontraba dirigiendo un ataque contra la embajada de Estados Unidos en Iraq, y el que era responsable de haberle dado muerte a más de 600 soldados Americanos en Iraq; pero nunca dijeron que durante la administración de Obama- Biden, ordenaron 503 de los mismos ataques contra los terroristas de ISIS y Al Qaeda, y en uno de esos ataques mataron 55 civiles incluyendo 21 niños, 10 mujeres, 5 de ellas embarazadas. En Agosto de 1996, el entonces líder Demócrata Biden, enérgicamente trabajó para la eliminación de la 936 en PR, la que Bill Clinton firmó, y lo que ha traído desastres económicos a la Isla, y dejó cientos de miles sin empleo. En el 2015 el gobierno de PR le pidió ayuda financiera a Obama –Biden, por el desastre que el mismo Biden le causó a la Isla, y la ayuda que le dieron fue, imponer una delegación que controlará los gastos en la Isla. En el 2019 el presidente Trump le otorgó 13 mil millones de ayuda financiera a PR, y de acuerdo con los informes del Orlando Sentinel y fuentes de la Isla, PR está siendo grandemente beneficiado. También logró acuerdos para que las industrias farmacéuticas que por culpa de Biden se habían ido de la Isla regresen, para que crean miles de empleos y un buen estado económico para PR. Son muchas las comparaciones de quien en realidad es el bueno, y el malo de acuerdo con los hechos; solo doy algunos ejemplos de muchos. Las apariencias, los promotores, y los liberales engañan, los hechos son los que hablan. La película está llegando a su fin; pero como toda película el final siempre es bien drástico; vamos a ver en que para el fin que no promete victoria alguna para los verdaderos malos de la película, ya que en el discurso que Trump dirigió a los manifestantes, no existe evidencia alguna, (cero) que haya dicho algo inapropiado; por el contrario, lo que dijo fue que nuestras voces sean escuchadas patrióticamente. Aparte que, de acuerdo con nuevas informaciones de la FBI, ya hay arrestados del ANTIFA y con cargos de haber planificado el ataque mucho antes de la manifestación. El final no será hasta que John Durham termine con la investigación de como comenzaron la mentira que inventaron de Rusia con el fin de sacar a Trump del poder. Se preguntarán ¿Para qué hablar de Trump si ya quedo afuera? Solo es para señalar a lo que nos enfrentamos, ya que no se trata de Trump, sino que esto continuara contra todo conservadurismo; se lo hicieron a Regan, a los Bush, y ahora a Trump, y se lo van a seguir haciendo a todo el conservador que los enfrente; y le advierto a la iglesia, que se prepare bien, porque bajo esta administración de Biden tendremos gran persecución; a ver si así podemos entender a quienes apoyamos. Lo que les garantizo es que esto no ha terminado; al igual que las películas de Hollywood tendremos Trump número 2.

¿Por qué menciono lo de Israel y los musulmanes? Porque el presidente Trump, se ha convertido en el protector de Israel. Como resultado estas dos musulmanas congresistas R. Tlaib y A. Omar, han venido atacando y haciendo comentarios racistas en contra de los Judíos y del mismo sistema americano. El presidente no es perfecto como ninguno otro lo ha sido; y creo que pocos aguantan los ataques infernales a los que lo han sometido. Es penoso ver algunos cristianos incluyendo ministros atacándolo y acusándolo de racista sin tener pruebas, otras que no sean las informaciones mencionadas por sus enemigos políticos. El deber de un ciudadano y más un cristiano no es de usar los medios sociales para promover odio y rebelión contra ningún presidente, ni demócrata ni republicano; el deber debe de ser el que nos enseña la palabra de Dios, en Lucas 6:27-37,

Más a vosotros los que oís, digo: Amad a vuestros enemigos, haced bien a los que os aborrecen; Bendecid a los que os maldicen, y orad por los que os calumnian. Y al que te hiriere en la mejilla, dale también la otra; y al que te quitare la capa, ni aun el sayo le defiendas. Y a cualquiera que te pidiere, dale; y al que tomare lo que es tuyo, no vuelvas a pedir. Y como queréis que os hagan los hombres, así hacedles también vosotros: Porque si amáis a los que os aman, ¿qué gracias tendréis? porque también los pecadores aman a los que los aman. Y si hiciereis bien a los que os hacen bien, ¿qué gracias tendréis? porque también los pecadores hacen lo mismo Y si prestareis a aquellos de quienes esperáis recibir, ¿qué gracias tendréis? porque también los pecadores prestan a los pecadores, para recibir otro tanto. Amad, pues, a vuestros enemigos, y haced bien, y prestad, no esperando de ello nada; y será vuestro galardón grande, y seréis hijos del Altísimo: porque él es benigno para con los ingratos y malos. Sed pues misericordiosos, como también vuestro Padre es misericordioso No juzguéis, y no seréis juzgados: no condenéis, y no seréis condenados: perdonad, y seréis perdonados.

Los que sienten rencor y odio contra cualquier presidente del partido que sea, deben de leer lo que nos dice la palabra de Dios en Romanos 13: 1-7; Y 1 Pedro 2: 13-14, *a estar sujetos a los gobernantes y autoridades porque por Él son enviados para castigo de los malhechores y alabanza a los que hacen bien.* Creo que hay que seguir el ejemplo del hijo de Billy Graham, y una gran mayoría de pastores de las Asambleas de Dios, y otras organizaciones; ellos han informado que reconocen el ataque infernal en contra del presidente desde la noche que fue electo, y han sacado nacionalmente una cadena de oración para que Dios lo proteja y lo ilumine. El pastor J Hagee que sin duda alguna es un hombre de Dios, estuvo en un programa de TV, el 7/14 19, explicó que él conocía personalmente al presidente, y expresó la suma importancia de reelegirse y no permitir que alguno de estos extremistas liberales tome el poder ya que será catastrófico para el país y la iglesia; lo que se está cumpliendo al pie y letra.

En cuanto a los políticos son ellos los verdaderos culpables de la violencia aquí en USA. Si nos informamos, desde los años 1850s se han registrado ataques de violencia por diferentes razones ideológicas y también por racismo como han sido los casos del KKK. Ha habido aún ataques que le quitaron la vida al presidente Kennedy, y al ilustre Rev. Martin L King; y complots para asesinar a otros como a los destacados presidentes Reagan y Obama. Sin embargo, desde el año 1995 con el caso de Timothy Mc Veigh hasta el presente, los ataques contra ciudadanos han ido en crecimiento agigantado. En términos generales estamos en medio de una sociedad enferma, pero también en medio de un preocupante número de gente con una mente diabólica. Esta sociedad la han creado los mismos legisladores en Washington D.C, quitándoles el poder a los padres en cómo corregir sus hijos, y quitando a Dios de todo, a nombre de la separación de la iglesia y el estado. Hoy día todo es abuso; no quiero ser mal interpretado; no estoy de acuerdo con nada que sea abuso. Pero aun el regañarlos, o no dejarlos asistir a lugares que como padres sabemos que no conviene, es abuso; aun hablarles un poco fuerte es abuso psicológico. Los demócratas de hoy han estado apoyando y aprobando todo lo que está en oposición a Dios y dándolo como aceptable; pero todo lo que Dios estableció, para ellos es malo. ¿Qué resultados podemos esperar? De 40 años para acá, ha venido creciendo la sociedad que ellos mismos han levantado, y ahora están por conveniencia política echándole la culpa a otros, siendo ellos mismos los culpables. Esto es igual a los padres que dejan que sus hijos hagan lo que quieran, y no les dan ningún tipo de disciplina; al final y por lo general, son los perversos de la sociedad. Un ejemplo de esto es el caso de hombre que por medio de un asalto le quito la vida a otro; fue sentenciado a pena capital; el día que lo iban a ejecutar, su último deseo fue ver a su madre; cuando su madre lo abrazo, en lugar de amarla, trato de estrangularla; cuando le cuestionaron su acción, su contesta fue; si me hubieras corregido cuando pequeño, cuando llevaba cosas robadas a la casa, no me estuvieran ejecutándome ahora.

En esta información de Resultados de la Ignorancia trato temas como: La verdad y la mentira del cambio climático, el tema de los ilegales, los cristianos y la política; información teológica contrarrestando otros temas como el homosexualismo, el aborto, y los abusos a los programas sociales, también cito información bíblica en referencia al tema controversial de la guerra de Iraq. Son temas controversiales a los que a nadie les gusta tocar, ya que la mayoría de la gente incluyendo a líderes religiosos, viven intimidados por la opinión de otros y las leyes que ya han sido legisladas. Sin embargo, también creo que es por esto que el mundo moderno de hoy ya está viviendo como Sodoma y Gomorra en un abismo de perdición.

Es claramente visible el gran número de personas que han perdido los principios y la moral, y como resultado estamos viviendo en medio de una sociedad enferma, que ha perdido la vergüenza, los modales, la honestidad, la tolerancia, y que no demuestra tener ni amor hacia el prójimo, y mucho menos temor a Dios.

La información que doy es tanto política, como teológica y científica y una realidad que se debe analizar honesta y transparentemente, ya que todo lo que trato es en base a mis propias experiencias personales, y al conocimiento teológico y científico; los demás temas que trato los he estudiado cuidadosamente, y los he confirmado neutralmente en un cien por ciento, como el siguiente tema del cambio climático.

La verdad y la mentira del cambio climático

Todos los humanos por más ingeniosos que sean, y aunque no tengan ni primer grado de educación escolar, tienen un don en algo. Hay muchos que no han estudiado pintura, pero tienen un talento para dibujar impresionante. Lo mismo en la música, y en todo lo demás. En el caso de los políticos, sin duda alguna sucede lo mismo. Hay muchos políticos que tienen una habilidad procedente de un talento que con mucha facilidad convencen a sus seguidores a creer a ciegas todo lo que ellos informan y proponen.

En esta información de científicos y de Teología, nos podremos dar cuenta claramente, cómo los políticos están engañando a los ciudadanos con el tema del cambio climático. Es muy preocupante ver cómo ha cambiado el país en los últimos 50 años, especialmente las últimas dos décadas. Es preocupante ver cómo los políticos están llevando el país a la bancarrota; pero para mí, es más preocupante aún ver el porcentaje de personas dopadas y creyendo ciegamente todo lo que ellos informan y proponen. Creo que es hora de que todos los ciudadanos estadounidenses dejen de seguir a los políticos que están haciendo promesas falsas o equivocadas, y comiencen a analizar con inteligencia y honestidad, la verdad de lo que está pasando en este país. Por la falta de conocimiento, no sólo hay gente que perece, sino países enteros sufren malas consecuencias como es el caso de Cuba, que increíblemente ya lleva 61 años sumergidos en la miseria. Otro país como Venezuela que está en la misma situación y por el mismo camino. Y por lo que ya se ve claramente, este país va encaminado hacia esa dirección. Una muestra clara es la siguiente información; se trata de la nueva táctica que algunos políticos están utilizando para poner miedo a los ciudadanos con la mentira del cambio climático con el fin de obtener el poder. La siguiente es la información científica y Teológica, que dejará claro que el cambio climático en el contexto) que los políticos quieren poner es una gran mentira.

¿Cuál es la verdad sobre los cambios climáticos? La verdad es que desde el principio que el planeta fue creado, siempre ha tenido cambios en el clima. Esto lo vamos a ver en la información más adelante que dan los científicos. ¿Cuál es la mentira de quienes promueven el miedo al cambio climático? La mentira está en el contexto en que los políticos por razones políticas quieren imponerlo.

Algunos científicos y políticos creen en el calentamiento de la Tierra en base a una teoría; también tienen la teoría, y creen que todos los planetas y el universo se formaron de una explosión conocida como The Big Ban Explosion (La Grande Explosión.) Pero no todos los científicos están de acuerdo con esta teoría del calentamiento de la Tierra en base (sólo) a la actividad humana. No sólo hay muchos otros factores para los cambios climáticos, sino que también hay evidencia clara de que los cambios en las temperaturas siempre han existido; y evidencia de temperaturas de hace cientos de años más altas de lo que están hoy en día. Incluso la información de la National Oceanic and Atmospheric Administration (NOAA,) dice que aproximadamente 56 millones de años atrás el abarajé de temperatura en el planeta, estaba estimado en 73 grados Fahrenheit, más de 14 grados sobre las temperaturas de hoy que están estimadas en la actualidad a 58. 71 grados Fahrenheit.

En esta información voy a informar en detalle la información de otros científicos, y también lo que la Biblia nos enseña sobre el pasado, el presente y el futuro de este planeta Tierra. La palabra teoría es muy importante ya que una teoría no es algo concreto; y la información sobre la teoría no es mi información, es la información propia de los libros de ciencia.

La información científica es que hay muchos factores por lo que las temperaturas aumentan y descienden.

(Cotización) El clima es la condición de la atmósfera en un momento determinado o durante un período corto. Por otro lado, a menudo se describe como el promedio, o el clima habitual que un área experimenta durante un largo período de tiempo. Esta definición de clima, sin embargo, ha alentado la creencia de que mientras que el clima es cambiante, el clima es fijo y predecible. Pero esto es una suposición falsa; porque cualquier período utilizado para evaluar los promedios climáticos puede resultar anormal. Por ejemplo, muchas partes del mundo experimentaron temperaturas medias considerablemente más altas en el período 1945-60 de lo que probablemente habían tenido durante cientos de años. El clima es la condición de la atmósfera en un momento determinado o durante un período corto. Por otro lado, a menudo se describe como el promedio, o el clima habitual que un área experimenta durante un largo período de tiempo.

Factores que influyen en el clima: Diversos factores impiden que las regiones climáticas ocurran en bandas latitudinales simples; uno de estos factores es la naturaleza de la tierra. Las montañas, por ejemplo, tienen una influencia considerable en el clima porque actúan como barreras al viento y también porque las temperaturas disminuyen con el aumento de altitud en aproximadamente un 3% F por cada 1.000 pies de altura; (6,5 Centímetros por cada 1.000 metros). Muchas montañas son lluviosas, mientras que otras son relativamente secas. Las montañas más altas también afectan a los movimientos de aire en la atmosfera superior; por ejemplo, la corriente de chorro que fluye hacia el oeste se eleva y se dirige hacia el norte sobre las Montañas Rocosas, pero gira hacia el sur de nuevo en el otro lado. El efecto es mantener un aire relativamente cálido sobre las Montañas Rocosas a un alto nivel.

La configuración de los continentes, y la proximidad al mar también son importantes, porque grandes extensiones de agua (incluidos los lagos) tienden a moderar el clima; por lo tanto, la orilla del lago y las costas suelen tener climas menos extremos que los lugares en el centro de un continente. Esta influencia moderadora del agua es generalmente mayor cerca del mar, que no sólo retiene el calor más fácilmente que la tierra, sino que también lo transporta. Por lo tanto, las corrientes oceánicas cálidas y frías juegan un papel importante en la determinación de los climas de las costas.

El desarrollo de las masas de aire, marítimas y continentales, es otro factor que influye dramáticamente en el clima, ejemplificado cuando los cambios estacionales provocan reversiones de las direcciones del viento, o los monzones. El clima monzónico es más marcado en el sur de Asia, donde el enfriamiento rápido en invierno provoca el desarrollo de una masa de aire de alta presión sobre la tierra. De esta masa de aire soplarán los vientos secos del noreste. En primavera, el movimiento hacia el norte del Sol hace que el norte de la India se caliente y, como resultado, se desarrolla un sistema de baja presión marcada en el que los vientos alisios del sureste son absorbidos a través del ecuador, cambiando de dirección a medida que lo hacen para humedecerse la dirección Oeste.

Factores climáticos locales

Los climas locales están influenciados por factores especiales que operan dentro de áreas comparativamente pequeñas, por ejemplo, diversos vientos locales. Los vientos Fohn de las estribaciones septentrionales de los Alpes, soplan cuando los sistemas de baja presión sobre el norte de Europa absorben vientos del sur. A medida que descienden, los vientos de Fohn se calientan, causando rápidos aumentos de temperatura en las áreas por las que pasan. El Chinook, un viento similar que se produce a finales del invierno y principios de la primavera en el este de las Rocosas, puede elevar la temperatura del aire en 77 F 25 C) en tres horas.

Otra influencia local es el porcentaje de radiación solar reflejado por la superficie o el albedo. La nieve recién caída tiene un albedo de alrededor del 9 por ciento, lo que explica por qué no se derrite con la luz solar brillante. Los suelos secos y arenosos tienen un albedo más alto que los suelos oscuros y arcillosos. Los bosques tienen albedos bajos, pero el suelo del bosque tiende a permanecer fresco incluso en los días calurosos, porque gran parte de la radiación del Sol es absorbida por los árboles y comparativamente poco penetra en el nivel del suelo.

Clasificación de climas

El clima tiene una gran influencia en el suelo y la vegetación, pero las regiones climáticas, como las zonas de suelo y vegetación, rara vez tienen límites precisos en el suelo; en cambio, un tipo climático generalmente se fusiona imperceptiblemente en otro. Sin embargo, se han hecho varios intentos para producir clasificaciones climáticas mundiales; los más utilizados fueron los del meteorólogo soviético Vladimir Koppen, quien entre 1900 y 1936 publicó una serie de clasificaciones de diferentes grados de complejidad. Esencialmente trató de relacionar las características climáticas y de la vegetación utilizando dos bases, dividió el mundo en cinco regiones principales, designadas A, B, C, D y E.

Climas cambiantes

La existencia de costuras de carbón en la Antártida y de fósiles de dinosaurios en Spitsbergen (que está dentro del círculo polar ártico) demuestra que los climas han cambiado radicalmente durante los millones de años de la historia de la Tierra. También sabemos que la posición de los continentes ha cambiado, y todavía está cambiando, como resultado de los movimientos de las placas de la tierra. Por lo tanto, podemos postular, por ejemplo, que durante el período Cretácico (que duró de unos 130 a 65 millones de años cuando la evidencia fósil muestra que las añejos, higueras y helechos lujosos crecieron en la isla de Disko, en Groenlandia, esta isla debe haber sido imprescindible más cerca del ecuador de lo que es hoy. Pero los movimientos de las placas son ahora lentos, promediando poco más de un centímetro por año. De ahí los avances y retiros de las enormes capas de hielo durante la reciente Edad de Hielo del Pleistoceno (de aproximadamente 1.800.000 a 11.000 años) y las fluctuaciones climáticas aún más recientes experimentadas en los últimos 100 años, no pueden explicarse por la tectónica de placas.

Evidencia de fluctuaciones climáticas

La evidencia ha ido acumulando ciclos climáticos frecuentes, con períodos cálidos o húmedos alternos y fríos o secos. Durante la Edad de Hielo del Pleistoceno, por ejemplo, hubo de 6 a 20 períodos importantes en Europa cuando el hielo avanzó, y estas edades glaciales estaban puntuadas por fases interglaciares (también llamadas intersticiales, aunque no han podido predecir la fecha de inicio de la sexta edad glacial. La evidencia proviene de varias fuentes, incluyendo núcleos de roca perforados desde el lecho marino. En estas muestras básicas la abundancia de fósiles de ciertos organismos marinos que proliferan durante condiciones cálidas y se vuelven más escasas en períodos fríos muestra variaciones cíclicas, lo que indica que el clima también variaba periódicamente. Se han obtenido más pruebas a partir de análisis de núcleos de hielo de las capas de hielo, muestras de suelo y anillos de árboles.

Según los hallazgos recientes, parece que el hemisferio norte tenía un clima más cálido entre 900 y 1300 d.C. que en la actualidad. Fue en el siglo X que los nórdicos fundaron un asentamiento en Groenlandia, donde las temperaturas medias se estiman en 1-7 F (4-C) más altas que hoy en día, pero este asentamiento había desaparecido a finales del siglo XV, probablemente porque él gradualmente empeoraba del clima. En Europa, el período de 1450-1850 se llama a menudo la Pequeña Edad de Hielo.

Las causas del cambio climático

Las causas de la fluctuación climática aún no se han aclarado por completo, aunque se han propuesto muchas teorías diferentes. Algunos científicos creen que las pequeñas variaciones en la órbita de la Tierra alrededor del Sol, que afectarían la intensidad de la radiación solar que llega a la Tierra, son la causa principal. Pero otros han asumido que la alteración minúscula en la inclinación de la Tierra en su eje puede hacer que los cinturones climáticos cambien, alterando así el clima en su conjunto. También se ha sugerido que las fluctuaciones a largo y corto plazo en la actividad del Sol, las manchas causadas por los ciclos solares de cada 11 a 17 años, puede afectar el clima. También pueden producirse cambios después de una actividad volcánica prolongada.

El polvo volcánico puede reducir la cantidad de radiación solar que llega a la superficie, causando cambios en el clima. Después de la erupción de Krakatoa en 1883, por ejemplo, el polvo permaneció en la atmósfera durante un año; durante este período se registró una caída del 10% en la radiación solar en el sur de Francia. También existe cierta preocupación de que los cambios climáticos importantes puedan resultar de actividades humanas, como la deforestación y la contaminación de la atmósfera.

El clima mundial está influenciado por muchos factores, incluyendo la contaminación de la atmósfera. Algunos científicos han postulado que un aumento en la contaminación del aire hará que las temperaturas globales aumenten porque los contaminantes ayudan a retener el calor de la Tierra. Otros creen que el principal efecto de la contaminación del aire es bloquear los rayos del Sol, como resultado de lo cual las temperaturas eventualmente descenderán. Sin embargo, ninguna de estas dos predicciones han sido confirmadas.)

La siguiente información viene de un científico.

La Tierra tiene aproximadamente 4.600 billones de años, y durante ese vasto período de tiempo han tenido lugar (siete grandes eras glaciales,) que no debemos confundir con las glaciaciones. A pesar de ello, durante la mayor parte de la historia de nuestro planeta el clima ha sido mucho más caluroso que el actual; no en vano, a pesar de la fase cálida actual, nos encontramos inmersos en una era glacial (la séptima). (Un periodo glacial es un periodo de larga duración en el cual baja la temperatura global y da como resultado una expansión del hielo continental de los casquetes polares y los **glaciares**. Las glaciaciones se subdividen en periodos **glaciales**, siendo el Würm el último hasta nuestros días.)

Durante los primeros 2.300 billones de años del planeta (la mitad de su edad) la Tierra fue un mundo bastante más cálido que en la actualidad, sin presencia de hielo en su superficie.

EL CLIMA DE LA TIERRA A LO LARGO DE LA HISTORIA:

Después de aproximadamente 300 billones de años, el planeta volvió a calentarse, por causas que no se conocen muy bien. Los hielos fueron desapareciendo y el gran océano que cubría la Tierra se fue poblando por organismos vivos cada vez más complejos. Así fueron transcurriendo las cosas hasta que el frío entró de nuevo en escena. Hace unos 1.200 millones de años se cree que tuvo lugar la segunda «Tierra Blanca». Las formas de vida sufrieron unos nuevos traspiés, aunque algunas –las más adaptadas– aguantaron en los fondos oceánicos y en la zona ecuatorial, libre de hielo. Tras esa segunda era glacial siguió una nueva etapa cálida, aunque bastante más corta que la anterior, ya que hace unos 700 millones de años tuvo lugar el tercer episodio «Tierra bola de nieve». De las cuatro etapas de frío extremo y grandes extensiones de hielo que se piensa que ha atravesado nuestro planeta a lo largo de la historia, esta tercera se cree que fue la más importante de todas, pues hay indicios que apuntan a que el hielo llegó a alcanzar la zona del Ecuador, por lo que las únicas formas de vida que sobrevivieron a este episodio debieron ser submarinas. Así transcurrieron las cosas por espacio de 150 millones de años, llegando al final del Precámbrico (hace unos 550 millones de años), habiendo pasado hasta ese momento el 88% de la edad de la tierra. (Precámbrico quiere decir que es la más antigua y precede a la era primaria o paleozoica; se extiende desde la formación de la corteza terrestre hace unos 4.500 millones de años hasta el comienzo de la vida en los mares hace unos 570 millones de años. "el Precámbrico se caracteriza por la ausencia casi absoluta de fósiles y por una intensa actividad volcánica")

Se piensa que la actividad volcánica pudo conseguir fundir la gruesa capa de hielo que llegó a formarse durante ese episodio de «Tierra Blanca», gracias a un potente efecto invernadero que fue contrarrestando la pérdida de calor, el que desde la superficie helada escapaba hacia el espacio. A partir de ese momento y hasta la actualidad, el patrón frío calor no ha dejado de repetirse, aunque con diferentes escalas y magnitudes, según las épocas. El clima sufre un nuevo revés durante el final del Carbonífero, (carbón mineral) hace unos 300 millones de años, enfriándose progresivamente hasta que tuvo lugar la cuarta «Tierra Blanca», aunque no se sabe a ciencia cierta qué extensión llegó a alcanzar el hielo durante este episodio de frío a escala planetaria, ni en los tres anteriores. Se produce un nuevo cambio radical, tanto en el clima como en el paisaje, si bien a diferencia de lo que ocurrió durante las otras «Tierras Blancas», en esta ocasión el planeta es geológicamente distinto. Hace unos 500 millones de años un gran océano dominaba toda la tierra, con varios grandes islotes. Hace 300 millones de años, esas grandes masas de tierra se agruparon formándose el súper continente Pangea. En épocas geológicas posteriores, el súper continente se va fracturando hasta conseguir una distribución de océanos y continente similar a la actual hace unos 50 millones de años. Dicha circunstancia, en combinación con otros factores internos (actividad volcánica) y externos (astronómicos), tiene una implicación muy importante en el comportamiento climático, ya que las corrientes marinas (superficiales y profundas) son las grandes moduladoras del clima terrestre.

Hacia el ya citado año 700, en latitudes altas del hemisferio norte se inicia un período cálido bastante excepcional, que se prolongará hasta el año 1200 aproximadamente, y que en climatología recibe el nombre de Pequeño Óptimo Climático, o Medieval. En la actualidad hay un gran debate científico sobre si en dicho período el calentamiento era de mayor o menor magnitud que el que nos está tocando vivir. La transición del calor al frío se caracterizó por ser un periodo extraordinariamente húmedo, que fue dando paso a años cada vez más fríos, en lo que sería el inicio de la Pequeña Edad de Hielo, que se prolongará hasta mediados del siglo XIX.

En España podemos fijar el arranque de la pequeña edad del hielo hacia el año 1500. Aunque la pequeña edad del hielo no es comparable, ni en duración ni en magnitud, a una glaciación, fue lo suficientemente importante como para influir decisivamente en el desarrollo de la civilización europea, y de otras partes del mundo. La pequeña edad del hielo consistió, en líneas generales, en la sucesión de 150 años casi ininterrumpidos con inviernos largos y muy fríos, y veranos cortos y frescos, aunque en dicho período el cambio climático no fue global, ya que algunos indicadores apuntan a que en el Hemisferio Sur de la tierra apenas se notaron sus efectos. Tampoco podemos dar una única fecha de inicio y de final de dicho periodo, ya que hay importantes desfases temporales dependiendo de las regiones afectadas. No obstante, suele considerarse el período de 1550 a 1700 como el más frío, iniciándose el enfriamiento en algunos lugares a finales del siglo XIV, y prolongándose en otros hasta mediados del XIX, con importantes altibajos a lo largo de esos casi cinco siglos de historia. Entre 1565 y 1665 los paisajes invernales se convirtieron en un motivo muy recurrente entre los pintores europeos (Pieter Brueghel, "El Viejo" es uno de los mejores ejemplos), lo que es una prueba clara del tipo de tiempo dominante en aquella época. Fueron dos las causas principales que, presumiblemente, desencadenaron ese período tan frío de la historia. La actividad solar fue una de ellas. Concretamente, durante el periodo que va de 1645 a 1715, el sol tuvo un comportamiento muy anómalo, con apenas manchas en su superficie, en lo que se ha dado en llamar el Mínimo de Maunder. Dicho período coincidió con los años de temperaturas más bajas de toda la pequeña edad del hielo. Al final de la pequeña edad del hielo ocurrió lo mismo que al principio, que el clima sufrió grandes altibajos, con años extraordinariamente lluviosos como el de 1846, en el que se inundaron los campos irlandeses y se pudrieron las papadas. Ello

29

provocó en la isla verde la Gran Hambruna, que se prolongará hasta 1850, muriendo hasta un millón de personas a causa del hambre y las enfermedades, provocando un éxodo masivo de irlandeses a Gran Bretaña y los EE. UU.; una nueva prueba de la poderosa influencia que ejerce y ejercerá el clima en la historia. El clima siempre es un factor para tener en cuenta, aunque no deberíamos establecer siempre una relación causa-efecto. No obstante, hay casos bastante claros, por ejemplo, las terribles sequías ocurridas en el siglo XX en la zona del Sahel, que han condicionado enormemente el modo de vida y las costumbres de los habitantes de países como Mauritania, Mali o Senegal. La última gran sequía en la zona ocurrió entre 1968 y 1973, llevándose por delante la vida de un cuarto de millón de personas. Esa vasta región, frontera sur del Sahara, lejos de recuperarse, se ha ido desertizando cada vez más, obligando a muchos de sus pobladores a marcharse de allí por una simple cuestión de supervivencia. El período que va desde 1850 hasta nuestros días, cubierto en su totalidad por registros de las variables climatológicas, si lo comparamos con otros de los períodos históricos que se ha ido comentando, podemos considerarlo un período cálido y benigno que, sin duda, ha contribuido al crecimiento económico y de población más importante acontecido a lo largo de toda la historia de la humanidad. En todo ese tiempo – 162 años–, el clima no se ha comportado de forma uniforme, sino que podemos distinguir tres grandes períodos. El primero de ellos sería el que va desde 1880 hasta la década de 1940, caracterizado por una recuperación continua, lenta y sostenida de las temperaturas. Dicha tendencia se quebró entre las décadas de 1950 y 1970, para iniciarse en los años 80 del siglo XX una nueva fase cálida, que es en la que nos encontramos en la actualidad, y que los científicos relacionan con el cambio climático.)

Los políticos por conveniencias políticas han hecho del cambio climático, basándose en la contaminación, no sólo una realidad, últimamente también una crisis. La última información que están dando es, que el mundo se va a terminar en 12 años si no se hace nada de inmediato. Como resultado, proponen un nuevo acuerdo llamado (The new Green Deal), según ellos para evitar que ocurra una catástrofe. Están hablando de tomar medidas para según ellos salvar el planeta. En primer lugar, asumiendo que es verdad lo que creen, no sé cómo van a salvar el planeta. Estados Unidos es sólo una pequeña tierra con sólo 330 millones de personas. Mi pregunta es: ¿cómo van a controlar el resto del mundo para lograr el control del cambio climático? En segundo lugar, la información de otros científicos, y la información de la Biblia, son claras sobre quién está en control del clima, y cómo los cambios del Sol, de las Umbras y Penumbras, y la distancia del Sol en referencia a la órbita de la Tierra en una órbita elíptica, y su rotación, que según los científicos es la primordial razón en los cambios de temperaturas en nuestro planeta.

(Vuelvo y cito) En épocas geológicas posteriores al súper continente, los islotes se van fracturando hasta conseguir una distribución de océanos, y continentes similares a la actual hace unos 50 millones de años. Dicha circunstancia, en combinación con otros factores internos (actividad volcánica) y externos (astronómicos), tiene una implicación muy importante en el comportamiento climático, ya que las corrientes marinas (superficiales y profundas) son las grandes moduladoras del clima terrestre.)

Está más que claro que la polución no es el único factor en los cambios del clima. Lo que quiere decir claramente que no importa lo que los políticos informen de lo que ellos piensan hacer con el clima si son electos presidente; es una gran mentira, y una prueba de que lo que buscan es subir al poder engañando a los ciudadanos. Lo siguiente son pruebas aún más concretas.

Cotización de la Enciclopedia de Science World: Hay científicos que tienen la (teoría), que la contaminación hace que las temperaturas globales hacienda. Pero las causas de las fluctuaciones climáticas aún no han sido completamente probadas. Hay otros científicos que tienen otras diferentes (teorías). Algunos científicos creen que pequeñas variaciones en la órbita de la tierra alrededor del Sol; afectan la intensidad de la radiación solar que llega a la Tierra y esta es la principal causa del calentamiento en la Tierra.)

Muchos científicos todavía están estudiando los cambios climáticos, y comprobando las temperaturas, y los niveles de agua en los océanos. Nadie puede negar que, hasta hoy, no hay nada concreto, o sin ninguna duda, o evidencia clara, que pueda probar que el planeta se está calentando debido a (sólo) la actividad humana. Esta es la razón por la que muchas personas, políticos y algunos científicos, están en desacuerdo con la razón de los cambios en el clima.

Algunos políticos están tan desesperados por promover el miedo al calentamiento global, que están informando mal a la gente en los programas de televisión, diciendo que todos los científicos están de acuerdo sobre el fin del mundo debido al calentamiento de la tierra; y esto es también otra gran mentira.

Hay un científico geólogo con más de 35 años dedicados a investigar la Tierra, es el autor del libro, Inconvenient Facts; la ciencia que Al Gore no quiere que sepas. Estuvo en el canal de Fox News en el programa de Laura Ingraham, el 12 de marzo de 2019; en el que dijo que está en desacuerdo con la información de otros científicos, en referencia a su información sobre el clima. Otro ex - científico de la NASA escribió un libro donde explica en detalles, las razones que

RESULTADOS DE LA IGNORANCIA

tienen los políticos en Washington, y el por qué, a toda costa están empujando esta falsa teoría.

El 12 de marzo del 2015, el Secretario de Estado de los Estados Unidos, el Sr. John Kerry, llevó a cabo una Conferencia en el Atlantic Council en Washington DC; y habló específicamente sobre el cambio climático. El cambio climático es lo mismo que el calentamiento global de la tierra. El cambio de nombre es porque con el calentamiento global del planeta, no han sido capaces de convencer a la mayoría de la gente. Aparte de esto no han contado con el apoyo de un gran número de científicos. Esta misma semana un ex científico de la NASA anunció en las noticias de News Max, y categóricamente explicó que el calentamiento global de la Tierra, o el cambio climático es una falsa. Este es el científico mencionado que escribió el libro; él explica en detalle las razones poderosas que tienen los políticos en Washington, y los que están a toda costa empujando esta teoría. Con un desesperado esfuerzo para hacer que el cambio climático sea una realidad, no es otra cosa que una industria de trillones de dólares. Precisamente este científico de la NASA, en su reporte da la misma información. Además de la industria de trillones de dólares, la información es que los políticos que están impulsando esta teoría, es con el propósito de imponer y colectar 22 billones de dólares al año en impuestos a los contribuyentes para este propósito. El señor Kerry en su Conferencia, después de dar una explicación de cómo el cambio climático ya está afectando al planeta, por ejemplo; una de las cosas que dijo fue, que los peces en el mar ya se están moviendo hacia el norte debido a los cambios del clima. Por supuesto, en su discurso también mencionó la misma información que ya hemos estado escuchando durante años, del derrite de hielo, los cambios en el agua, etc. De todo su cantaleta, para mí lo importante que escuche fue, que después de todas sus explicaciones terminó su mensaje hablando precisamente de la importancia de invertir miles de millones de dólares en tecnología para este propósito, ya que según su información este es el equivalente para crear puestos de trabajo en todos los rincones de la tierra; y estas fueron sus propias palabras. Categóricamente el secretario de Estado, el señor Kerry dijo que el Proyecto de Energía Limpia (CEP) es una industria de 17 trillones de dólares. Estas son las razones por las que el Presidente Obama y los Demócratas están presionando a toda costa esta teoría del cambio climático. También han prometido hacer todo lo que sea necesario para que en sus dos últimos años de su Presidencia, según él, detuviera el cambio climático. Están tan desesperados en promover el miedo al calentamiento de la tierra, que el presidente Obama uso al papa trayéndolo a la Casa Blanca para que, por primera vez en la historia, un Papa sirviera de refuerzo en empujar esta agenda.

Es muy importante mencionar que, sin la cooperación de todos los países industrializados del mundo, Estados Unidos no puede hacer absolutamente nada para controlar las industrias que contaminan el aire alrededor del mundo. Por ejemplo, China no está haciendo ni promoviendo absolutamente nada en referencia al calentamiento de la Tierra y China es el país que más industrias y habitantes en el mundo tiene. Estados Unidos, en comparación con China y Rusia, en territorio y en habitantes es un país muy pequeño. También la India y muchos otros países al igual que China no están haciendo nada para ayudar a controlar la contaminación del aire o cuando menos no han demostrado que les interese y ni están enseñando la desesperación como los políticos en Washington. Estos están también contaminando los aires, y mucho más que los Estados Unidos.

Creo que para un buen emprendedor pocas palabras bastan. Aparte de esto, incluso todos los países del mundo no pueden controlar lo que es propiedad de Dios. La Biblia habla bien claro de quién está en control de este planeta, y del universo entero: Salmo 24: 1-2,

De Jehová es la tierra y su plenitud; El mundo, y los que en él habitan. Porque él la fundó sobre los mares, Y la afirmó sobre los ríos. Hebreos 1: 2, En estos postreros días nos ha hablado por el hijo, a quien constituyó heredero de todo, y por quien asimismo hizo el universo.

La Biblia también dice claramente, lo que va a suceder con en el planeta tierra en un futuro no muy lejano. Y no solamente del planeta sino del futuro de la gente que vivimos en él. La Biblia enseña claramente que este planeta pasará por un proceso en el que tres cuartas partes de la tierra desaparecerán. Continúa diciendo que Dios hará un cielo nuevo y una nueva tierra. En referencia a esta información, más adelante cito lo que exactamente nos enseña la Biblia.

También es importante mencionar que en las condiciones en que el país ya se encuentra, en referencia con una deuda de casi $30 trillones de dólares y en crecimiento, el país no está en la posición de gastar trillones de dólares para este propósito. Y el gasto de trillones de dólares es lo que informan los mismos demócratas. Hay que también informar que el gobierno de Obama y los Demócratas, estuvieron invirtiendo a espaldas de los ciudadanos, miles de millones de dólares para este propósito de acuerdo a los medios de prensa. Por ejemplo, el 6 de marzo del 2015, el medio de comunicaciones The Washington Beacon informó, que el líder de los Demócratas el Sr. Harry Reid; (Steered tens of millions of dollars from Biofuel company a California Corporation.) Que quiere decir que desviaron decenas de millones de dólares de la empresa Bio-Combustibles, una corporación de California para este propósito. La información habla de 770 millones de dólares, y de otros de 245 millones que le dieron al Proyecto de Energía Limpia; (CEP); haciendo un total de más de mil millones de dólares tan sólo en el año 2013. La información también dice que el Sr. Reid, fue acusado de dar consejos a las empresas en su estado de Nevada, sobre cómo pueden obtener el dinero financiado a través de la Ley de Recuperación y Reinversión Americana, más bien conocido como el acto de estímulo.

Los dos científicos antes mencionados están bien reconocidos a nivel nacional. Uno trabaja para la Universidad de la Florida y el otro trabajó para la NASA, durante 35 años. Este último científico mencionado, es uno de los científicos más reconocidos en el país, y es un experto en el sistema climático. También es altamente reconocido en las predicciones meteorológicas. Estos científicos, así como otros científicos, dejan claro que el calentamiento global o cambio climático no es otra cosa que una gran mentira en el contexto que los políticos lo quieren imponer. Este científico informa, que, en 2007 mientras él todavía trabajaba para el gobierno, encontró evidencia que el gobierno había escondido, evidencia científica que destruye su propio argumento de lo que han venido informando que la Tierra se está calentando. Su información asegura que una red de políticos, empresas y científicos, están conspirando juntos para promover el miedo al calentamiento de la tierra. También informó como prueba de esta gran mentira, que la misma información de la NASA dice que la temperatura del planeta, de la década del 1979 al 1998, subió .36 grados, pero que después de 1998 la temperatura de la Tierra ha ido descendiendo, y actualmente está 1.8 grados más fría que lo que lo registrado en los 10 años entre 1979 y 1998. De hecho, creo que esta es la razón por la cual, por razones políticas, cambiaron el nombre por el calentamiento global, al cambio climático. También es cierto que hoy día ya han pasado 20 años de esta información, un gran número de científicos que continúan estudiando la tierra informan, que desde el 1880 al presente la temperatura de la tierra ha aumentado 1.4 grados. Sin embargo, la nueva información es que el Sol está entrando en su ciclo de cambios de Umbras y Penumbras, y se espera que las temperaturas de la tierra debido a estos cambios descienden peligrosamente por los próximos 30 años.

Otros científicos informan lo siguiente: Sin caer en el alarmismo, lo cierto es que hemos entrado en un nuevo ciclo climático, nunca conocido por los seres humanos, aunque sí por la tierra, al que debemos adaptarnos lo mejor posible para evitar una catástrofe humana de enormes dimensiones. Nuestra adaptación al cambio climático será mejor o peor dependiendo de cómo se vayan resolviendo las guerras, el hambre, las desigualdades sociales y un largo etcétera de problemas que tenemos ahora mismo encima de la mesa. Este es el reto al que se enfrenta la humanidad en el presente siglo.)

Para mi toda esta información deja claro que lo que informan los políticos del final del planeta es una farsa con fines de meterle miedo a la población para adueñarse del poder. Y lo que informan muchas de las redes del cambio climático no es otra cosa que aprovechándose de la pequeña subida de temperatura de 1.4 grados que ha subido del 1880 al 2018 por razones lucrativas. Un científico califica la subida de esta temperatura, a la equivalencia a una casa tener el termómetro a 75 grados y subirlo a 77 grados; cuestión de adaptación. Yo no creo que no haya que ser tan inteligente como para entender que el cambio climático no es otra cosa que una industria de trillones de dólares. Yo sí creo que muchas industrias en el mundo están contaminando el aire; y también creo en la energía limpia. Tampoco de ninguna manera sugiero con esta información, que no nos debe importar el hacer lo necesario para que tengamos el planeta lo más limpio posible, y fuera de contaminaciones. También sería bueno ver a esos millones de empleo que surjan; y sería muy bueno para la economía del mundo. Donde no estoy de acuerdo es que, en base de esta gran mentira, estén tratando de ahogar los ciudadanos más de lo que ya estamos, imponiendo más impuestos para este propósito en base de mentiras. Es cierto que el Proyecto de Energía Limpia puede crear miles de puestos de trabajo con las nuevas tecnologías; también crearían millones de empleos en todo el mundo en la construcción de bobinas, paneles eléctricos, paneles solares, carros eléctricos, y otros gran número de cosas, como maquinarias para la construcción de todo lo ya mencionado. Por ejemplo: Recuerdo que, en el año 1992, yo instalé un sistema de paneles solares en mi casa para calentar el agua. Esto tuvo un costo de $4,500. Y con toda honestidad, yo estaba economizando el 45% del costo de la electricidad. Yo pregunto ¿se puede usted imaginar si todas las casas aquí en los Estados Unidos, el gobierno le impone una regulación obligatoria de instalar un sistema solar para calentar el agua? ¿Cuántos millones de paneles solares tendrían que ser fabricados?

Mi predicción es, que llegará el día que impondrán una regulación para que cada casa produzca su propia electricidad. Yo visualizo en un futuro no muy lejano, una gran cantidad de automóviles eléctricos; pero no como el Chevy Volt, que se tiene que instalar en un enchufe de electricidad para cargar la batería; yo los visualizo con un panel solar instalado en algún lugar del automóvil para que cargue la batería. También visualizo un gran número de casas con paneles solares para que puedan producir de forma individual su propia electricidad. Todo esto también significa la fabricación de maquinarias, transmisores, bovinas instrumentos electrónicos; y un sinfín de otros productos. La lista es larga de todo lo que tiene que ser fabricado. Es por esto por lo que el Sr. Kerry habla de una industria de 17 trillones de dólares, y de trabajo en todos los rincones de la Tierra. Todo esto viene; es el verdadero propósito de la mentira del cambio climático. Sería algo muy bueno para el empleo y la economía, y para el aire limpio; pero creo que esto no le pertenece al Gobierno. No creo de ninguna manera que el Gobierno cobre de los contribuyentes miles de millones de dólares cada año, para crear industrias al sector privado. Esto fue lo que precisamente hizo el presidente Obama cuando le dio 500 millones de dólares a la compañía Solyndra, una compañía de California que construía paneles solares y con el dinero de los contribuyentes la industria se fue a la quiebra y los 500 millones se perdieron. Obama también le dio grandes cantidades de dinero a empresas de automóviles para que construyeran automóviles eléctricos; y al igual que Solyndra fue dinero perdido. Todo este desperdicio de dinero en nombre del Proyecto de Energía Limpia, y con el dinero del contribuyente. Creo que el papel del Gobierno debe ser, imponer regulaciones justas para que las empresas operen en conformidad con las leyes establecidas. Si el Partido Demócrata quiere impulsar la industria de la energía limpia, deben hacerlo diciendo la verdad, y no en base de una teoría que no ha sido comprobada. Personalmente creo que los legisladores han llevado al país a una deuda inalcanzable, y ahora se encuentran en una desesperación buscando a ver cómo se inventan algo que pueda producir miles de millones de dólares, ya que el dinero que el gobierno colecta de los contribuyentes no será suficiente ni para pagar incluso el interés de la deuda.

Las temperaturas de la tierra están relacionadas con el Sol

La información siguiente es lo que el libro Mundial de Ciencia dice en referencia al clima de la tierra en relación con el sol: Si se analiza cuidadosamente, ya que es lo que los verdaderos conocedores científicos informan, con facilidad nos podemos dar dé cuenta de la mentira del calentamiento de la tierra debido únicamente a la polución, de acuerdo como lo informan ciertos políticos.

La información es la siguiente: Nuestro planeta depende casi por completo de la luz y el calor del Sol. La Tierra también tiene su propio calentamiento, aunque muy mínimo debido a los volcanes. Sin la radiación constante del Sol, el planeta Tierra sería un planeta con temperaturas muy por debajo de bajo cero. El sol en sí también tiene sus variaciones, y como resultado hay cambios en la energía que envía a la Tierra. Estos cambios siempre han sido una preocupación para los científicos; ya que cambios más grandes pueden causar graves problemas en el clima de la Tierra. La radiación ultravioleta tiene una variación debido a que el Sol tiene un ciclo cada 11 años. Este ciclo también varía entre 7 y 17 años. Durante este ciclo de cambios de calor que se producen en el mismo sol, y que se conocen como las manchas solares ya mencionadas; tienen dos regiones conocidas como Umbra y Penumbra. El Umbral es oscuro, con temperaturas de 4,000 mil grados F, y la Penumbra con temperaturas de 5,000 a 6.000 mil grados F. Las temperaturas de la Tierra tienen también que ver con la vegetación y las nubes. Toda la radiación solar que recibe la Tierra vuelve al espacio; de lo contrario la temperatura estaría continuamente en aumento. Un 34% de la luz solar enviada a la Tierra es reflejada por las nubes y enviada de vuelta al espacio. El Sol también envía ondas solares a la Tierra, unas más fuertes que otras; pero son absorbidas por la atmósfera y las nubes; Y pasan a ser pasajeras; más bien que esas ondas de calor no son durables; desaparecen, se disipan, dejan de existir. (Esto es simplemente la naturaleza que Dios creó para la subsistencia del ser humano en la Tierra.)

Evidencias científicas demuestran que la tierra era más caliente siglos pasados.

<u>De acuerdo con los hallazgos recientes, parece que en el hemisferio norte el clima era más cálido entre A.D. 900 y 1300 que en la actualidad.</u> Fue en el siglo X que Normandos, fundó un asentamiento en Groenlandia, donde se estimaron temperaturas promedio de 1-7 F (4-C) más altas de lo que son hoy, pero esto había desaparecido a finales del siglo XV, probablemente porque el clima empeora gradualmente. En Europa, el período de 1450 a 1850 se le llamó, la pequeña edad de hielo. Aunque no existen cifras exactas antes de la invención de instrumentos meteorológicos, hay mucha evidencia de documentos históricos, que demuestran la pequeña edad de hielo (incluyendo registros de las malas cosechas, y pinturas de ríos congelados que nunca se congelan hoy) y de los análisis modernos de factores tales como semillas y niveles de polen en los suelos, y depósitos que datan de ese período. Desde 1850, el clima se volvió más caliente, aunque recientemente ha habido una cierta cantidad de enfriamiento - objetivo por el hecho de que en 1968 el hielo alcanzó desde el Ártico hacia el sur hasta el noreste de Islandia, la primera vez que esto había ocurrido en esos últimos 40 años.

Hay científicos que tienen la teoría que la polución y la contaminación hacen que las temperaturas globales aumenten. Pero las causas de las fluctuaciones climáticas aún no han sido completamente comprobadas. Hay otros científicos que tienen otras teorías diferentes. Algunos científicos creen que las pequeñas variaciones en la órbita de la tierra alrededor del sol afectan la intensidad de la radiación solar que llega a la Tierra<u>, y que esta es la causa principal del calentamiento en la tierra. Pero otros han planteado la hipótesis de que las alteraciones en la inclinación de la Tierra sobre su eje pueden causar a que los cinturones climáticos cambien causando así los cambios en el clima.</u> También se ha sugerido que las fluctuaciones a corto y largo plazo en la actividad del Sol- causan las sombras solares. Esta actividad causada cada 11 años, puede afectar el clima. Los cambios también pueden ocurrir después de una actividad volcánica prolongada. El polvo volcánico puede reducir la cantidad de radiación solar que llega a la superficie, causando cambios en el clima. Por ejemplo; después de la erupción del Krakatoa en 1883, el polvo se quedó en la atmósfera durante un año; y durante este período hubo una caída de 10 por ciento de la radiación solar, que se registró en el sur de Francia.

También hay cierta preocupación de que los grandes cambios climáticos pueden resultar de las actividades humanas, como la deforestación y la contaminación de la atmósfera. <u>Algunos científicos han postulado que el aumento de la contaminación del aire hace que las temperaturas globales aumenten, debido a que los contaminantes ayudan a retener el calor de la Tierra. Pero otros científicos creen, que la polución del aire bloquea los rayos del sol, y como resultado las temperaturas eventualmente descienden.</u>

Como todos sabemos, hasta hoy, ninguna de estas 2 últimas teorías ha sido confirmada, pero, con la penúltima teoría que ha sido ya mencionada, fue con la que Al Gore se convirtió en millonario, dándola como una realidad, y sin ni siquiera él ser un científico. Esta misma teoría es la que Obama y los demócratas están usando para seguir metiéndole miedo a la población con el propósito de imponer miles de millones de dólares al año en impuestos a los ciudadanos, con el propósito de crear negocios multimillonarios a empresas privadas. El desespero es tan grande que como ya mencioné, Obama trajo al papa Francisco a la Casa Blanca en Washington DC, para que le ayudará a promover el cambio climático como un problema catastrófico para el planeta y la humanidad.

Para mí es increíble que hasta en los debates presidenciales usen sus creencias para meterle miedo a la población con informaciones incorrectas de los acontecimientos de huracanes y los fuegos en los estados del Oeste. La información de que los huracanes son el producto del cambio climático y que cada año son más grandes y poderosos es incorrecta. Lo siguiente es una lista de los huracanes más grandes y poderosos que demuestran que sus informaciones son incorrectas. Huracán Cuba 1932; vientos sostenidos 175 MPO; en el 1933, 2 huracanes categoría 5; Huracán Camille, 1969, 175 MPO; David 1979, 175 MPO. El Huracán Allen en 1980, 190 MPO hasta hoy ha sido el huracán más grande en la historia desde que se están llevando los récords. Gilbert, 1988; 185 MPO; Wilma el último más grande 2005; 185 MPO. Claramente desde que comenzaron a llevar el récord en el 1891, siempre ha habido temporadas de pocos y muchos huracanes, por ejemplo, la actividad más grande fue en el 2005 con 28. De acuerdo con la historia y los récords, seguiremos viendo los mismos acontecimientos, unos años más y otros años menos. Si las informaciones de los políticos fueran correctas, cada año estuvieran en aumento continuo, y ya debiéramos haber tenido por lo menos un huracán más grande que Allen 1980. Por supuesto cada vez que hay un año más activo lo toman como ejemplo para indicar que son los cambios de temperatura los responsables; pero cuando hay años mucho menos activos no dicen absolutamente nada. En cuanto a los incendios del Oeste, desde que comenzaron los registros en el 1850 siempre ha habido incendios que han quemado miles de millas; han destruido miles de casas, y han muerto muchos bomberos. En el año 1889 un fuego destruyó 300 mil cuerdas; 1923 Berkeley destruyó miles de cuerdas, 640 estructuras y 584 casas. En 1933 un fuego de estos mató 29 bomberos; en 1953, 15 bomberos, 1961 miles de cuerdas y 484 casas así cada año estos fuegos han venido sucediendo. En los últimos años la información es que los fuegos han aumentado debido al aumento y la acumulación de combustibles, acumulación de madera, aumento de transmisores eléctricos, y líneas de electricidad. Estos aumentos han sido debido al aumento de población en los bosques. Aunque California tiene un clima mediterráneo que crea condiciones ideales para incendios, y se agrava por las subidas de temperaturas, no es nada nuevo; de acuerdo con la información científica las temperaturas siempre han aumentado y también han bajado durante los siglos de su creación. Lo único nuevo es el aumento de población en el mundo entero, y los descuidos por parte de muchos ciudadanos. También se debe de entender que los aumentos de muertes por las inundaciones y los incendios son debido a los aumentos de población en todos los rincones del planeta. Por tanto, aumento de gente construyendo casas en lugares inundables, y dentro de los bosques que muchos años atrás no se construían. La población mundial en 1950 era de 2,600 billones; actualmente en 2020 la población es de 7, 684 billones; un aumento de 5,084 billones. Sinceramente creo que debiéramos analizar las informaciones con un poco más de inteligencia.

Lo que sí está confirmado es, que las temperaturas de la Tierra están relacionadas con el Sol. Si nos fijamos bien en los medios de comunicación; especialmente en el Weather Channel, ya que ellos llevan los registros de temperaturas, y todo tipo de registros que tienen que ver con el frío y el calor; verán que hay registros de temperaturas de muchos años atrás, tanto altas como bajas que las que se registran hoy día. Por ejemplo; en el invierno del 2015, se ha informado que por primera vez desde que meteóricamente se están tomando estos registros, todos los lagos del norte aquí en Estados Unidos, la superficie de ellos alcanzó un récord de congelación de más de 25% que lo registrado en todos los años anteriores. También se registraron en el 2015, récord bajos de temperaturas en muchas partes del país; y nevadas que rompieron récord de pulgadas de nieve. Una de esas ciudades fue Boston, que registró récord de nevadas y pulgadas de nieve en su historia. Todas las evidencias están más claras que el agua, de lo que realmente persigue el presidente Obama, los demócratas, y algunos Republicanos. Lo que yo me pregunto es; ¿Dónde está la inteligencia de aquellos que creen en el calentamiento global, o del calentamiento de la Tierra en relación con la polución?

La información que da la biblia es contraria a los científicos y políticos.

La siguiente información es lo que la Biblia nos enseña en referencia al principio del Universo en contradicción a lo que creen los científicos. La Biblia habla muy claro de quién está en control de este planeta, y de todo el universo que Dios creó. No entiendo cómo millones de personas afirman que creen en Dios, y lo que la Biblia enseña, y al mismo tiempo, en contradicción con la información de la Biblia, creen más lo que algunos científicos, que, por lucro, y algunos políticos por obtener poder informan, que lo que enseña la palabra de Dios.

En el libro de Génesis en el primer capítulo dice que en el principio Dios creó los cielos y la Tierra. Génesis 1,

Y la tierra estaba desordenada y vacía, y las tinieblas estaban sobre la faz del abismo, y el Espíritu de Dios se movía sobre la faz de las aguas. Y dijo Dios: Sea la luz; y fue la luz. Y vio Dios que la luz era buena; y separó Dios la luz de las tinieblas. Y llamó Dios a la luz del día, y a las tinieblas llamó Noche. Y fue la tarde y la mañana un día. Luego dijo Dios: Haya expansión en medio de las aguas, y separe las aguas de las aguas. E hizo Dios la expansión, y separó las aguas que estaban debajo de la expansión, de las aguas que estaban sobre la expansión. Y fue así. Y llamó Dios a la expansión Cielos. Y fue la tarde y la mañana el día segundo. Dijo también Dios: Júntense las aguas que están debajo de los cielos en un lugar, y descúbrase lo seco. Y fue así. Y llamó Dios a lo seco Tierra, y a la reunión de las aguas llamó Mares. Y vio a Dios que era bueno. Después dijo Dios: Produzca la tierra hierba verde, hierba que dé semilla; árbol de fruto que dé fruto según su género, que su semilla esté en él, sobre la tierra. Y fue así. Produjo, pues, la tierra hierba verde, hierba que da semilla según su naturaleza, y árbol que da fruto, cuya semilla está en él, según su género. Y vio Dios que era bueno. Y fue la tarde y la mañana el día tercero. Dijo luego Dios: Haya lumbreras en la expansión de los cielos para separar el día de la noche; y sirvan de señales para las estaciones, para días y años, y sean por lumbreras en la expansión de los cielos para alumbrar sobre la tierra. Y fue así. E hizo Dios las dos grandes lumbreras; la lumbrera mayor para que señorease en el día, y la lumbrera menor para que señorease en la noche; hizo también las estrellas. Y las puso Dios en la expansión de los cielos, para alumbrar sobre la tierra, Y para señorear en el día y en la noche, y para apartar la luz y las tinieblas: y vio Dios que era bueno. Y fue la tarde y la mañana el día cuarto. Y dijo Dios: Produzcan las aguas, seres vivientes, y aves que vuelen sobre la tierra, en la abierta expansión de los cielos. Y crió Dios las grandes ballenas, y toda cosa viva que anda arrastrando, que las aguas produjeron según su género, y toda ave alada según su especie: y vio Dios que era bueno. Y Dios los bendijo diciendo: Fructificad y multiplicad, y henchid las aguas en los mares, y las aves se multipliquen en la tierra. Y fue la tarde y la mañana el día quinto. Y dijo Dios: Produzca la tierra seres vivientes según su género, bestias y serpientes y animales de la tierra según su especie: y fue así. E hizo Dios animales de la tierra según su género, y ganado según su género, y todo animal que anda arrastrando sobre la tierra según su especie: y vio Dios que era bueno. Y dijo Dios: Hagamos al hombre a nuestra imagen, conforme a nuestra semejanza; y señoree en los peces de la mar, y en las aves de los cielos, y en las bestias, y en toda la tierra, y en todo animal que anda arrastrando sobre la tierra. Y crió Dios al hombre a su imagen, a imagen de Dios lo creó; varón y hembra los creó. Y los bendijo Dios y les dijo: Fructificad y multiplicaos, y llenadla tierra, y sojuzgadla, y señoread en los peces de la mar, y en las aves de los cielos, y en todas las bestias que se mueven sobre la tierra. Y vio Dios todo lo que había hecho, y he aquí que era bueno en gran manera. Y fue la tarde y la mañana el día sexto.

Muy interesante la siguiente información de los científicos; concuerda con lo arriba citado en la biblia.

Los científicos informan en lo ya citado más arriba que hace 500 millones de años atrás, un Océano dominaba toda la tierra; pero que hace 300 millones de años Se produce un nuevo cambio radical, tanto en el clima como en el paisaje; si bien a diferencia de lo que ocurrió durante las otras «Tierras Blancas», en esta ocasión el planeta es geológicamente distinto, con varios grandes islotes, y que esas grandes masas de Tierra se agruparon formándose el súper continente Pangea. En épocas geológicas posteriores, el súper continente se va fracturando hasta conseguir una distribución de océanos y continentes, similar al actual.) También informan que después de esto fue que por primera vez en la historia del planeta comienza la vida de hierba y árboles; y después la humana. ¿No es eso lo mismo que narra lo arriba citado en Génesis capítulo 1 escrito hace más de tres mil años?

Ese principio de acuerdo con los científicos, que, en sus estudios de Meteorología, Geología, y el Océano, es su información que la Tierra se formó hace 4.5 billones de años. Ellos mismos no están tan seguros, pero de acuerdo con sus estudios estas son sus estimaciones. ¿Cómo surgió, o se formó el Universo según los científicos? La respuesta a esta pregunta de acuerdo con los científicos y al libro de ciencia ya mencionado, es la siguiente. A través de las edades, los científicos han estado en investigación en busca de esta respuesta. Los primeros científicos creían que el universo ha existido siempre y que no había un principio. No fue hasta el principio del siglo 20 que han conseguido información importante. (Por supuesto; todo esto es debido a que no quieren creer lo que enseña la Biblia.) La mayoría de los científicos en el comienzo del siglo 20 llegó a la conclusión de que las estrellas y todos los cuerpos celestes se movían, pero que se habían cancelado entre sí mismos, creando un universo estático, que significa que no tiene movimiento. Pero había grandes dudas de esta creencia, que el universo era <u>estático.</u> Fue entonces cuando en el 1915 surgió una nueva teoría por el famoso científico Albert Einstein, quien dijo que el universo está en relatividad; en grado de severidad y con energía que se mueve; más bien se encuentra en aceleración. Después de la teoría de Einstein, los estudios científicos encontraron y confirmaron, que todos los cuerpos celestes se mueven; y es hasta hoy, la base de todos los estudios científicos.

Si los científicos le creyeran a la información de la biblia no hubieran tomado hasta después del 1915 en saber que los cuerpos celestes se mueven. Más de tres mil años atrás en el libro de Josué 10:12-13 Josué sabía que el Sol y la Luna estaban en movimiento.

Abdías también sabía que el hombre viajaría a los planetas y allá pondría su casa. Los aviones fueron inventados en el 1930 pero si analizamos lo que informa Daniel en el capítulo 8, es claro que se estaba refiriendo a los aviones, ya que dice que el macho cabrío <u>viajo del otro lado del poniente sobre la fas de toda la tierra sin tocar tierra.</u> En la profecía que le fue dada del carnero y el macho cabrío, sin duda alguna narra los acontecimientos tal vez repetidos, pero idénticos, de la guerra de Iraq; el carnero Sudán Husein y el macho cabrío George W Bush. También informó que el río Ulai y esta visión dada a Daniel fue en Babilonia que ahora es Iraq. Daniel 8:1-7;

En el año tercero del reinado del rey Baltasar me apareció una visión a mí, Daniel, después de aquella que me había aparecido antes. Vi en visión; y cuando la vi, yo estaba en Susa, que es la capital del reino en la provincia de Elam; vi, pues, en visión, estando junto al río Ulai. Alcé los ojos y miré, y he aquí un carnero que estaba delante del río, y tenía dos cuernos; y aunque los cuernos eran altos, uno era más alto que el otro; y el más alto creció después. Vi que el carnero hería con los cuernos al poniente, al norte y al sur, y que En ninguna bestia podía parar delante de él, ni había quien escapase de su poder; y hacía conforme a su voluntad, y se engrandece. Mientras yo consideraba esto, <u>he aquí un macho cabrío venía del lado del poniente sobre la faz de toda la tierra, (sin tocar tierra;)</u> y aquel macho cabrío tenía un cuerno notable entre sus ojos. Y vino hasta el carnero de dos cuernos, que yo había visto en la ribera del río, y corrió contra él con la furia de su fuerza. Y lo vi que llegó junto al carnero, y se levantó contra él y lo hirió, y le quebró sus dos cuernos, y el carnero no tenía fuerzas para pararse delante de él; lo derribó, por tanto, en *tierra, y lo pisoteó, y no hubo quien librara al carnero de su poder.*

¿No fue esto lo que le sucedió a Sedan Husein con GW Bush?

En referencia a la existencia de la tierra es sólo Dios que hizo todo, el que sabe exactamente el tiempo de su existencia: Para mí, lo que es maravilloso es el ver la perfección en que Dios hizo nuestro planeta tierra para la vida del ser humano, los animales, las plantas y todo lo que tiene vida aquí en el planeta tierra. La gran mayoría de los científicos tienen sus propias conclusiones de cómo se formaron la tierra, los otros planetas y el universo. Sin embargo, cuando se analiza lo que ellos mismos informan acerca de nuestro planeta, en mi caso, no puedo entender cómo no pueden entender que todo esto fue creado, y no que se formó de la teoría de la explosión del Big Bang que explico más adelante. Los científicos se tardaron en descubrir hasta después del 1915, que los cuerpos celestes están en moviendo; pero como ya mencioné, hace más de 3.000 mil años, en el libro de Josué capítulo 10, Josué sabía que el sol y la luna estaban en grado de severidad y con energía que se mueven.

Es indiscutible con la perfección en que Dios hizo la tierra, y como fue creada con fines específicos, y con la distancia perfecta del sol; pero aún más increíble, el propósito de la rotación, la órbita, y el ángulo de 90 grados que explicaré más adelante. Sobre la base de la nueva teoría de la relatividad, hicieron nuevos estudios, y han llegado a la conclusión de que el universo se originó de una explosión inimaginable que tuvo lugar entre 10 y 20 billones de años atrás. Esta es la explosión del Big Bang ya mencionado; que por cierto es lo que hasta hoy día enseñan en las escuelas. Los científicos dicen que un gran núcleo de intensidad condensada explotó, ya que las temperaturas eran de billones de grados de calor. La explosión creó una expansión, y como resultado el universo. La información de los científicos es que inmediatamente después de la explosión, la temperatura descendió en 100 segundos 10 billones de grados. Los estudios científicos creen que los elementos de la explosión crearon la galaxia, las estrellas y el sistema solar con todos los planetas; por supuesto incluyendo nuestro planeta Tierra. La información científica es que cada uno de ellos se formó durante billones de años; por ejemplo, nuestro planeta se formó de acuerdo con esta información científica, hace 4.5 billones de años. Lo que los científicos no han podido determinar es, cuándo fue creado, o formado los elementos que causaron la supuesta explosión.

Los planetas del sistema solar son nueve, desde Mercurio a Plutón, están a diferentes millones, y billones de millas del Sol, que se encuentra en el centro de todos ellos. Mercurio que es el más cercano al Sol, está a 43 millones de millas; y Pluto que es el que más lejos está, a 4.5 billones de millas de distancia del Sol. Todos estos planetas tienen sus propias características. Por ejemplo, Mercurio, por su pobre atmósfera y su distancia al Sol, tiene temperaturas durante el día, de hasta 648 grados Fahrenheit y su temperaturas nocturnas cerca de - 315 F. Pluto que se considera que no tiene atmósfera, y por la distancia con el Sol; tiene temperaturas -369 grados F. Nuestro planeta Tierra, que es el que el arquitecto es Dios perfectamente creó, y designó para la vida humana como ya he mencionado, está a una distancia exacta, y con las características perfectas para la sobrevivencia humana. Nuestro planeta está a una distancia de 94, millones 500 mil millas del Sol en el mes de julio, y a una distancia de 91 millones 500 mil de millas en el mes de diciembre. Como ya he mencionado, hay una razón específica para que esto fuera hecho de esta manera. Lo que deja claro que es imposible que de una explosión haya tanta perfección.

<u>Hay que analizar con la perfección que Dios hace todo esto.</u> El planeta tierra al igual que todos los otros planetas, dan una órbita alrededor del Sol: la órbita de la Tierra alrededor del Sol, como todos sabemos es de 365 días. La órbita de nuestro planeta no es perfectamente redonda; es una órbita elíptica; y es elíptica por un propósito específico. Esta órbita elíptica es la razón, o lo que permite que, en el mes de julio, el planeta esté a 94,500 millas del Sol, y por la misma razón en diciembre esté más cercano a 91, 500 millas. El planeta también fue hecho en una posición inclinada a 90 grados, y también mientras se mueve a 18. 5 mph, (30 k) en su órbita alrededor del Sol, también va girando; esto es lo que permite las cuatro estaciones del año, y los cambios en la temperatura. A toda esta perfección es a lo que me refiero, que es increíble ver con la perfección en que todo esto fue creado. Por su órbita elíptica y por la rotación, no es una coincidencia que en el verano que es cuando las temperaturas son las más cálidas, es cuando la posición del planeta debido a la rotación y la órbita elíptica, la ubicación del planeta está a 3 millones de millas más lejos del Sol. Y, por el contrario, por las mismas razones en el mes de diciembre y los meses de invierno es cuando el planeta está más cerca del Sol. Si no es porque Dios hizo todo esto tan perfecto, nos quemaremos en el verano, y nos congelaríamos en el invierno. ¿Cree usted que todo esto se formó tan perfecto como la explosión del Big Bang? No sólo esto; pero Dios también lo hizo con la precisión requerida para la vida humana en contraposición a otros planetas. Es por esto que, hasta hoy día, los científicos continúan en la búsqueda y el análisis de otros planetas y otros cuerpos celestes buscando a ver si puede haber posibilidades de vida. Por ejemplo; como ya he mencionado, con las temperaturas en Mercurio y Plutón, estos dos planetas al igual que otros, están eliminados de las posibilidades de vida. El planeta Marte en el orden del Sol está a 154, 900 millones de millas

del Sol; los científicos lo siguen estudiando, pero hay científicos que no creen que haya posibilidades de vida por sus características. Por ejemplo; nuestro planeta tiene una atmósfera de (9.78, lo que significa que el planeta puede retener una fuerza de gravedad densa, mientras que la gravedad de Marte es solamente, 3,72; razón por lo que la atmósfera del planeta es muy delgada; lo que significa que la atmósfera es tan delgada que no puede retener calor; y por esa razón las temperaturas en el día son de - 24 grados F; y las temperaturas nocturnas descienden hasta - 191 grados F. Nuestro planeta Tierra también se compone de 71% de agua, una sustancia imprescindible y necesaria para la existencia de la vida. Mientras que el planeta Marte es un planeta descubierto que sólo parece un desierto.

La creación de Dios es tan perfecta y hecha por un poder inimaginable, que mientras más inteligente es el hombre, menos puede entender la grandeza de Dios. El hombre quiere con su inteligencia humana, humanamente analizar las cosas de Dios, que son inimaginablemente poderosas. Si la explosión del Big Bang fue tan grande e inimaginable según la teoría de los científicos; mucho más grande e inimaginable es el poder de Dios. Un ejemplo de ese poder lo encontramos en los libros de historia, y en la Biblia, cuando Dios le dio órdenes a Moisés, y con una simple varita dividió el Mar rojo en dos.

Hay muchos políticos en el día de hoy que creen estar por encima del Creador, que es el que no sólo tiene el control del planeta Tierra, sino que también está en control de todo el universo, y en todo lo que en ellos hay, no importa lo que los científicos, los ateos, y los no creyentes crean.

Las enseñanzas de la Biblia nos enseñan que Dios es el que está en control de toda la naturaleza; del universo, del calor y el frío, la nieve, el granizo, y los vientos, y que todo está bajo su control. Una prueba clara está en el libro de Josué Capítulo 10: *Cinco reyes se reunieron para pelear contra Israel, con el propósito de tomar la ciudad de Gilgal, una ciudad muy importante en ese tiempo. Le dieron aviso a Josué el sucesor de Moisés de lo que ya venía de camino.* La historia dice lo siguiente; **Josué 10:7-13:**

Y subió Josué de Gilgal, él y todo el pueblo de guerra con él, y todos los hombres valientes. [8]Y Jehová dijo a Josué: No tengas temor de ellos; porque yo los he entregado en tu mano, y ninguno de ellos prevalecerá delante de ti. [9]Y Josué vino a ellos de repente, habiendo subido toda la noche desde Gilgal.[10]Y Jehová los llenó de consternación delante de Israel, y los hirió con gran mortandad en Gabaón; y los siguió por el camino que sube a Bet-horón, y los hirió hasta Azeca y Maceda. [11]Y mientras iban huyendo de los israelitas, a la bajada de Bet-horón, Jehová arrojó desde el cielo grandes piedras sobre ellos hasta Azeca, y murieron; y fueron más los que murieron por las piedras del granizo, que los que los hijos de Israel mataron a espada.[12]Entonces Josué habló a Jehová el día en que Jehová entregó al amorreo delante de los hijos de Israel, y dijo en presencia de los israelitas: Sol, detente en Gabaón; Y tú, luna, en el valle de Ajalón.[13]Y el sol se detuvo y la luna se paró, Hasta que la gente se hubo vengado de sus enemigos. ¿No está escrito esto en el libro de Jaser? Y el sol se paró en medio del cielo, y no se apresuró a ponerse casi un día entero.

De acuerdo con la información de los científicos en referencia a este evento un reporte dice lo siguiente. De vez en cuando, uno escucha que las computadoras de la NASA han probado el hecho del día inusual que acompañó la Batalla de Gabaón encontrada en Josué

10:12-14. Esta pequeña historia maravillosa sobre las computadoras de la NASA comenzó a circular a fines de los 1960s y a principios de los 1970s, durante el pináculo del programa de Apolo. De acuerdo con la historia, en preparación para los aterrizajes de Apolo en la luna, una computadora de la NASA calculó las posiciones de la tierra, la luna, y otros cuerpos del sistema solar con gran precisión que data más allá del pasado y el futuro. Este programa de computación produjo una falla en el siglo quince antes de Cristo, una falla producida porque los cuerpos del sistema solar no estaban alineados en la posición correcta, indicando que casi un día entero faltaba en el tiempo. Además, un período de 40 minutos también faltaba varios siglos después, haciendo que el total de tiempo perdido fuera un día entero. Supuestamente, los científicos e ingenieros de la NASA estaban desconcertados sobre este problema hasta que uno de ellos dijo que cuando él era pequeño en una escuela dominical, le enseñaron que Josué había mandado a que el Sol se detuviera por casi un día. Abrieron la Biblia en *Josué 10:12–14* . De acuerdo con los estudios de los científicos esa detención de casi un día de Josué llevaba el tiempo a 23 horas 20 minutos; lo que indicaba que todavía faltaban 40 minutos perdidos. Los cuarenta minutos los encontraron en 2 Reyes 20: 8-11, cuando *el profeta Isaías le dijo a Ezequías que Dios le iba a conceder 15 años más de vida; Y Ezequías había dicho a Isaías: ¿Qué señal tendré de que Jehová me sanará, y que subiré a la casa de Jehová al tercer día? Y respondió Isaías: Esta señal tendrás de Jehová, de que hará Jehová esto que ha dicho: Refiriéndose a la sombra del Sol: ¿Avanzará la sombra diez grados, o retrocederá diez grados? Y Ezequías respondió: Fácil cosa es que la sombra decline diez grados: pero, que la sombra vuelva atrás diez grados. Entonces el profeta Isaías clamó á Jehová; e hizo volver la sombra por los grados que había descendido en el reloj de Acaz, diez grados atrás.* Se explica de esta manera; en tiempos antiguos se usaba el reloj de Acaz; en el reloj de Acaz 15 grados equivalen a 1 hora 10 grados significa que retrocedieron 2 tercios de 15 que es igual a 40 minutos.

La verdad es que no sé qué otra información se le puede dar a la gente para que entiendan quien tiene la verdad. Colosenses 1:15-16

Él es la imagen del Dios invisible, el primogénito de toda creación.[16]Porque en él fueron creadas todas las cosas, las que hay en los cielos y las que hay en la tierra, visibles e invisibles; sean tronos, sean dominios, sean principados, sean potestades; todo fue creado por medio de él y para él.

Notemos que dice lo visible e invisible; después de miles de años hasta ahora es que vienen los científicos a descubrir otros planetas y otras galaxias; y es inmensa la creación que jamás podrán ver todo lo que existe, ya que Dios habla de lo que se puede ver y lo que no se puede ver. Salmo 148: 1-8;

¡Alabado sea el Señor de los cielos; ¡Alabadle en las alturas! Alabadle, todos sus ángeles; Alabadle, vosotros todos sus ejércitos. Alabadle Sol y Luna; Alabadle, vosotros todas, lucientes estrellas; Alabadle cielos de los cielos; Alabadle, cielos de los cielos, y las aguas que están sobre los cielos. Alaben el nombre de Jehová; porque él mandó, y fueron creados. Los hizo eternamente y para siempre. Les puso ley que no será quebrantada. ¡Alabad a Jehová desde la Tierra, los monstruos marinos y todos los abismos; El fuego y el granizo, la nieve y el vapor; ¡El Viento de tempestad que ejecuta su palabra!

Salmo 89:11, Tuyos son los cielos, tuya también la tierra; El mundo y su plenitud, tú lo fundaste.

Hebreos 1:10 Tú, oh, Señor, en el principio fundaste la tierra, y los cielos son obra de tus manos.

Éxodo 9:29, Y respondió Moisés: ' Tan pronto salga yo de la ciudad, extenderé mis manos a Jehová; y los truenos cesarán, y no habrá más granizo, para que sepas que de Jehová es la tierra.

Ya que todo es su propiedad; Dios es el que está en control del universo; Él ya ha establecido un plan para el futuro del planeta, y para la gente que vivimos en él. No importa lo que los arrogantes políticos piensen que pueden hacer con el clima de la Tierra; no será nada, lo que podrán hacer.

El siguiente será el futuro de las personas y del planeta:

2 Pedro 3: 10-13, *Pero el día del Señor vendrá como ladrón en la noche; en el cual los cielos pasarán con grande estruendo, y los elementos ardiendo serán desechos, y la tierra y las obras que en ella hay serán quemadas. Puesto que todas estas cosas serán desechas; ¿cómo no debéis vosotros andar en santa y piadosa manera de vivir? esperando y apresurándoos para la venida del día de Dios, en el cual los cielos, encendiéndose serán desechos y los elementos, siendo quemados se fundirán. Pero nosotros esperamos, según sus promesas, cielos y tierra nuevos, en los cuales mora la justicia.*

Apocalipsis 6:12-13, *Y vi cuando abrió el sexto sello, y, he aquí, hubo un gran terremoto; y el sol se volvió negro como saco de pelo, y la luna se convirtió en sangre; Y las estrellas del cielo cayeron a la tierra, así como una higuera arroja sus higos inoportunos, cuando ella es sacudida de un viento poderoso.*

Sofonías 3:8, *Por tanto, esperad sobre mí, dice el Señor, hasta el día en que me levante ante la presa, porque mi determinación es reunir a las naciones, para que reúna los reinos, para derramar sobre ellos mi indignación, aun toda mi ira feroz, porque toda la tierra será devorada con el fuego de mis celos.*

Isaías 65:17, *Porque he aquí, yo creo nuevos cielos y una nueva tierra, y los primeros no serán recordados, ni vendrán a la mente.*

Apocalipsis 8: 6-13, *Por lo que los siete ángeles que tenían las siete trompetas se dispusieron a tocarlas. El primer ángel tocó la trompeta, y hubo granizo y fuego mezclados con sangre, que fueron lanzados sobre la tierra; y la tercera parte de los árboles se quemó y toda la hierba verde fue quemada. El segundo ángel tocó la trompeta, y como una gran montaña ardiendo en fuego fue precipitada en el mar; y la tercera parte del mar se convirtió en sangre. Y murió la tercera parte de los seres vivientes que estaban en el mar; y la tercera parte de las naves fue destruida. El tercer ángel tocó la trompeta, y cayó del cielo, una grande estrella ardiendo como una antorcha, y cayó sobre la tercera parte de los ríos y sobre las fuentes de las aguas. Y el nombre de la estrella es Ajenjo. Y la tercera parte de las aguas se convirtió en ajenjo; y muchos hombres murieron a causa de esas aguas, porque se hicieron amargas. El cuarto ángel tocó la trompeta, y fue herida la tercera parte del sol, y la tercera parte de la luna, y la tercera parte de las estrellas; para que se oscureciese la tercera parte de ellos, y no hubiese luz en la tercera parte del día y asimismo de la noche. 'Y miré, y oí a un ángel volar por en medio del* *cielo, diciendo a gran voz: "¡Ay, ay, ay de los que moran en la Tierra, debido de los otros toques de trompeta que están para sonar los tres ángeles! Y vi un gran trono blanco y al que estaba sentado en él, de delante del cual huyeron la tierra y el cielo, y ningún lugar se encontró para ellos.*

Apocalipsis 21:1-6, *Vi un cielo nuevo y una tierra nueva; porque el primer cielo y la primera tierra pasaron, y el mar ya no existía más.*

2Y yo Juan vi la santa ciudad, la nueva Jerusalén, descender del cielo, de Dios, dispuesta como una esposa ataviada para su marido.

3Y oí una gran voz del cielo que decía: He aquí el tabernáculo de Dios con los hombres, y él morará con ellos; y ellos serán su pueblo, y Dios mismo estará con ellos como su Dios.4Enjugará Dios toda lágrima de los ojos de ellos; y ya no habrá muerte, ni habrá más llanto, ni clamor, ni dolor; porque las primeras cosas pasaron.5Y el que estaba sentado en el trono dijo: He aquí, yo hago nuevas todas las cosas. Y me dijo: Escribe; porque estas palabras son fieles y verdaderas.6Y me dijo: Hecho está. Yo soy el Alfa y la Omega, el principio y el fin. Al que tuviere sed, yo le daré gratuitamente de la fuente del agua de la vida.

Apocalipsis 21:24-27, *Y las naciones que hubieren sido salvas andarán a la luz de ella; y los reyes de la tierra traerán su gloria y honor a ella.25Sus puertas nunca serán cerradas de día, pues allí no habrá noche.26Y llevarán la gloria y la honra de las naciones a ella.*

²⁷No entrará en ella ninguna cosa inmunda, o que hace abominación y mentira, sino solamente los que están inscritos en el libro de la vida del Cordero.

La información de la Biblia es muy clara, de quién es el que controla el Universo; e incluso, la información científica también está clara de las razones y del por qué las temperaturas y clima, tienen cambios. También está claro de las razones que tienen algunos políticos que se están metiendo en el territorio que sólo le pertenece a Dios. Y tengo claro que lo hacen por razones políticas, y sin tener ningún temor al Creador. Lo que sí les informo es que creanlo o no, tendrán que dar cuenta a Dios en el día del juicio y no tendrán escapatoria. La razón por la que menciono esto, no es solo por lo ya mencionado a lo que creen ellos que pueden hacer con el clima; también se trata de todas las leyes que han estado estableciendo, completamente opuesto a los mandamientos divinos y sin tener ningún temor de Dios. Está claro para mí, en base de su comportamiento, y de la forma de hablar, legislar y gobernar, que para ellos Dios es un cero a la izquierda. Un ejemplo claro son los abortos; ya hay muchos demócratas que están de acuerdo que los hagan hasta los nueve meses de embarazo, e increíblemente algunos hasta dejarlos morir si nacen vivos. También están los casamientos de homosexuales aprobados por los demócratas. Todo lo que los políticos legislen que está en oposición a lo establecido por Dios, hay que contrarrestarlo, y señalarlo como es el caso de los casamientos del mismo sexo. La falta de conocimiento tiene a muchos ciudadanos apoyando todos estos comportamientos, y muchos que tienen el conocimiento ignorando. Ambos casos van a ser catastróficos; mucho más catastróficos que el supuesto cambio climático. Ya estamos teniendo consecuencias como el COVI-19, pero muy pocas personas son las que se dan de cuenta.

Lo siguiente es lo que dice la biblia en referencia a los casamientos de homosexuales y los abortos:

Romanos 1: 18 -32, Porque la ira de Dios se revela desde el cielo contra toda impiedad e injusticia de los hombres que detienen con injusticia la verdad; porque lo que de Dios se conoce les es manifiesto, pues Dios se lo manifestó. Porque las cosas invisibles de él, su eterno poder y deidad, se hacen claramente visibles desde la creación del mundo, siendo entendidas por medio de las cosas hechas, de modo que no tienen excusa. Pues habiendo conocido a Dios, no le glorificaron como a Dios, ni le dieron gracias, sino que se envanecieron en sus razonamientos, y su necio corazón fue entenebrecido. Profesando ser sabios, se hicieron necios, y cambiaron la gloria del Dios incorruptible en semejanza de imagen de hombre corruptible, de aves, de cuadrúpedos y de reptiles. Por lo cual también Dios los entregó a la inmundicia, en las concupiscencias de sus corazones, de modo que deshonraron entre sí sus propios cuerpos, ya que cambiaron la verdad de Dios por la mentira, honrando y dando culto a las criaturas antes que, al Creador, el cual es bendito por los siglos. Amén. Por esto Dios los entregó a pasiones vergonzosas; pues aun sus mujeres cambiaron el uso natural por el que es contra naturaleza, y de igual modo también los hombres, dejando el uso natural de la mujer, se encendieron en su lascivia unos con otros, cometiendo hechos vergonzosos hombres con hombres, y recibiendo en sí mismos la retribución debida a su extravío. Y como ellos no aprobaron tener en cuenta a Dios, Dios los entregó a una mente reprobada, para hacer cosas que no convienen; estando atestados de toda injusticia, fornicación, perversidad, avaricia, maldad;

llenos de envidia, homicidios, contiendas, engaños y malignidades; murmuradores, detractores, aborrecedores de Dios, injuriosos, soberbios, altivos, inventores de males, desobedientes a los padres, necios, desleales, sin afecto natural, implacables, sin misericordia; quienes habiendo entendido el juicio de Dios, que los que practican tales cosas son dignos de muerte, no sólo las hacen, sino que también se complacen con los que las practican.

Romanos 6: 9-11, ¿No sabéis que los injustos no heredarán el reino de Dios? No erréis; ni los fornicarios, ni los idólatras, ni los adúlteros, ni los afeminados, ni los que se echan con varones, ni los ladrones, ni los avaros, ni los borrachos, ni los maldicientes, ni los estafadores, heredarán el reino de Dios. Y esto erais algunos; más ya habéis sido lavados, ya habéis sido santificados, ya habéis sido justificados en el nombre del Señor Jesús, y por el Espíritu de nuestro Dios.

Abortos

Éxodo 20, *uno de los mandamientos; No Matarás*

1 Samuel 2:6, *Jehová mata, y Él da vida; El hace descender al Seol, y hace subir.*

Por supuesto en el libro de Daniel capítulo 12 Daniel profetiza lo que estaría tomando lugar en el último tiempo, que sin duda ya ha llegado y lo estamos ya viviendo.

Daniel 12, *En aquel tiempo se levantará Miguel, el gran príncipe que está de parte de los hijos de tu pueblo; y será tiempo de angustia, cual nunca fue desde que hubo gente hasta entonces; pero en aquel tiempo será libertado tu pueblo, todos los que se hallen escritos en el libro. Y* *muchos de los que duermen en el polvo de la tierra serán despertados, unos para vida eterna, y otros para vergüenza y confusión perpetua. Los entendidos resplandecerán como el resplandor del firmamento; y los que enseñan la justicia a la multitud, como las estrellas a perpetua eternidad. Pero tú, Daniel, cierra las palabras y sella el libro hasta el final. Muchos correrán de aquí para allá, y la ciencia aumentará. Y yo Daniel miré, y he aquí otros dos que estaban en pie, el uno a este lado del río, y el otro al otro lado del río. Y dijo uno al varón vestido de lino, que estaba sobre las aguas del río: ¿Cuándo será el fin de estas maravillas? Y oí al varón vestido de lino, que estaba sobre las aguas del río, el cual alzó su diestra y su siniestra al cielo, y juró por el que vive por los siglos, que será por tiempo, tiempos, y la mitad de un tiempo. Y cuando se acabe la dispersión del poder del pueblo santo, todas estas cosas serán cumplidas. Y yo oí, mas no entendí. Y dije: Señor mío, ¿cuál será el fin de estas cosas? El respondió: Anda, Daniel, pues estas palabras están cerradas y selladas hasta el tiempo del fin. Muchos serán limpios, y emblanquecidos y purificados; los impíos procederán impíamente, (significa, desenfrenadamente) y ninguno de los impíos entenderá, pero los entendidos comprenderán. Y desde el tiempo que sea quitado el continuo sacrificio hasta la abominación desoladora, habrá mil doscientos noventa días. Bienaventurado el que espere, y llegue a mil trescientos treinta y cinco días. Y tú irás hasta el fin, y pensarás, y te levantarás para recibir tu heredad al fin de los días.*

La Biblia es clara que el planeta Tierra seguirá funcionando después de ser transformado por Dios, y también deja claro que nuestro

Señor y el pueblo salvado, reinarán aquí en este planeta para siempre. (Importante para los creyentes del cambio climático que piensan que pueden interferir con los planes de Dios, y están desinformando a la gente de que el planeta y la gente van a terminar. Sería bueno que tomen nota de la información de la Biblia que es la que tiene la verdad. Entiendo que muchos políticos y muchos ciudadanos ignoran por completo la información de la Biblia, y muchos de ellos ni siquiera creen en esta información, pero la Biblia es muy clara sobre quién tiene el control del mundo. La información científica también es muy clara sobre cuáles son las razones de los cambios climáticos y de temperatura.

Mi información para todos los que piensan que están por encima de Dios el Creador de todas las cosas, es la siguiente en el orden que va a suceder.

2 Corintios 5:10, *Porque es necesario que todos nosotros comparezcamos ante el tribunal de Cristo, para que cada uno reciba según lo que haya hecho mientras estaba en el cuerpo, sea bueno o sea malo.)*

Esto es importante para mis hermanos católicos que les han estado enseñando que existe un purgatorio que los va a librar en día del juicio del gran trono blanco. Hay un predicador joven católico que dice lo siguiente: En la biblia no aparece la palabra purgatorio, pero la biblia enseña que para podernos presentar ante Dios tenemos que estar puros, por lo tanto, hay que purificarlo por medio de los rosarios. La palabra trinidad tampoco aparece en la Biblia, pero los evangélicos creen en la trinidad porque 1 de Juan 5-7, dice *el Padre, El Hijo, y El Espíritu Santo, y estos tres son uno.* Mi información a este predicador es la siguiente; En cuanto a 1 de Juan está claro que está hablando de una trinidad; en el caso del purgatorio la biblia dice que para entrar al reino de los cielos hay que entrar puro como él informa; pero Dios estableció en la biblia los requisitos para ser transformados y para poder entrar a la gloria con El. Repito;

2 Corintios 5-10, Porque *es necesario que todos nosotros comparezcamos ante el tribunal de Cristo, para que cada uno reciba según lo que haya hecho mientras estaba en el cuerpo, sea bueno o sea malo.*

Lo que deja claro que ningún rezo lo puede purificar.

Hebreos 9: 27, *Y de la manera que está establecido para los hombres que mueran una sola vez y después de esto el juicio.*

El siguiente será el juicio para toda la humanidad

Apocalipsis 20: 11-15, *Y vi un gran trono blanco y al que estaba sentado en él, delante del cual huyeron la tierra y el cielo, y ningún lugar se encontró para ellos. Y vi a los muertos, grandes y pequeños, de pie ante Dios; y los libros fueron abiertos. Y otro libro fue abierto, el cual es el libro de la vida. Y los muertos fueron juzgados según sus obras, por las cosas que estaban escritas en los libros. Y el mar entregó los muertos que estaban en él, y la Muerte y el Hades entregaron los muertos que había en ellos. Y fueron juzgados cada uno según sus obras. Y la muerte y el Hades fueron lanzados al lago de fuego. Esta es la segunda muerte. Y el que no se halló inscrito en el libro de la vida fue lanzado al lago de fuego.*

Todos los que arrogantemente creen ser tan poderosos y que están por encima de Dios; deben leer detenidamente la siguiente cita bíblica.

Mateo 13: 41-42, *El Hijo del hombre enviará a sus ángeles, y recogerán de su reino a todos los que sirven de tropiezo, y a los que hacen iniquidad. Y los echarán en el horno de fuego. Allí será el lloro y el crujir de dientes.*

¿Cuál es la verdad del cambio climático? La verdad es que el planeta tierra desde su creación siempre ha tenido cambios de temperaturas altas y bajas. Es también la información que son muchos los factores los responsables de los cambios en el clima incluyendo la polución. ¿Cuál es la mentira, o la mala información? 1) Que la polución es lo único responsable del cambio de temperaturas. 2) Que controlando la polución en USA al costo de trillones de dólares van a salvar el planeta, van a bajar las temperaturas, y van a reducir los huracanes y los incendios. 3) Qué parte de la tierra va a desaparecer, como por ejemplo la Florida.

Como ya informé, creo que todo ser humano, y todas las compañías del mundo, al igual que los mismos gobiernos, ya que se ha informado que hay países que están echando basura en los Océanos, por ejemplo Canadá fue acusado por Filipinas de llenar sus costas con toneladas de su basura, tienen que tener la responsabilidad de mantener el planeta lo más posible fuera de contaminación. Creo en leyes y regulaciones que controlen los abusos; pero de ninguna manera creo, que absolutamente nadie tiene el poder de cambiar lo que es propiedad de Dios; y como ya mencioné, ya Dios ha establecido lo que inevitablemente va a suceder con la gente y el planeta.

Los Ilegales

El tema de los ilegales es un tema que no se puede ignorar, aunque suena ser inhumano, racista, discriminatorio, y ha estado causando mucha controversia, no solo entre políticos, pero también entre ciudadanos. Sin embargo, hay realidades que hay que analizar. Hay mucha gente de influencia, y aún algunos legisladores que están enfocados en un solo lado de esta problemática, ignorando totalmente el otro lado. En lo que a mí se refiere tengo claro que no se trata de racismo ni discriminación, es lo que promueven los demócratas con la ayuda de la prensa liberal para poner los ciudadanos votantes en contra de los republicanos y así obtener o mantenerse en el poder. En esta información voy a informar en detalles, verdades que creo es muy importante analizar con honestidad y transparencia, ya que una gran mayoría de políticos, ciudadanos, y especialmente la prensa, se han encargado de convertir el tema en racismo y discriminación.

Comienzo informando, que existe una gran diferencia entre los inmigrantes que han estado llegando las últimas décadas a este país; y los inmigrantes que establecieron esta nación unos 200 años atrás. Los inmigrantes del principio llegaron a esta nación para establecerse y hacer de esta nación su país, traer a sus familias, comprar propiedades, y contribuir en toda la economía de este país olvidándose de sus países de origen. La mayoría de los inmigrantes de hoy, por lo contrario, vienen a este país a trabajar para mandar billones de dólares a sus países, de acuerdo con los informes que han dado algunos medios de prensa, y las informaciones del gobierno de los Estados Unidos. Por supuesto no se puede generalizar ya que al igual que los emigrantes del principio ya mencionados, hay también muchos emigrantes que también han venido a quedarse y hacer de ellos esta nación. Según los expertos en esta materia, el dinero enviado le da fuerza a la economía de esos países, ya que en ellos es que se utiliza en compras y ventas, y hasta en otras inversiones. No hay que ser un experto para entender que si en lugar de enviar billones de dólares a otros países, ese dinero circula y se utiliza en la economía de esta nación, la historia sería otra no contando con los millones de dólares que una gran cantidad de ellos evaden en pagar impuestos, ya que trabajan fuera de los libros. Si a esto se les suma los billones que ellos cuestan al sistema de escuelas públicas, y los hospitales, estamos hablando de una suma muy elevada de dinero, de lo que voy a informar más adelante. La siguiente información es una cotización que se explica por sí sola, a lo ya informado.

(Cotización) Hace más de 2 años la prensa liberal presentó un video mostrando como el presidente Trump sin ninguna misericordia estaba separando las familias en la frontera. También presentaron fotografías tomadas en las facilidades de detención durante la administración del presidente Obama, culpando al presidente Trump, por abusos contra los derechos humanos. La realidad era otra; el video y las fotos fueron tomados en el 2014 durante la administración de Obama. ¿Se equivocó Obama separando a las familias? No de acuerdo con la ley. La ley requiere que cualquier persona que cruce a EE. UU. ilegalmente sea arrestada y recluida en una facilidad de detención de repoblación, y enviada ante un juez de inmigración para ver si serán deportados como inmigrantes no autorizados. Si traen sus hijos cuando los padres son procesados por la entrada ilegal, sus hijos no pueden ir a la cárcel con ellos, es lo mismo cuando los ciudadanos estadounidenses son arrestados por violar las leyes, sus hijos tampoco pueden ir a la cárcel con ellos. El centro de detención de los alguaciles no tiene un centro para niños. Lo que sucede es lo siguiente: Para la ley, después de la aprehensión de los adultos por el Departamento de Seguridad Nacional, los niños son atendidos por el Departamento de Salud y Servicios Humanos, y son transferidos a la custodia del HHS dentro de las 72 horas. Y están bien atendidos. De hecho, reciben mejor atención que muchos niños estadounidenses; todo a expensas de los contribuyentes americanos. Hay que estar claro que no hay una política oficial de Trump, que indique que todas las familias que ingresan a Estados Unidos sin papeles tienen que ser separadas. La ley que existe es que todos los adultos atrapados cruzando ilegalmente a los Estados Unidos, sean procesados penalmente y cuando eso le sucede a un padre, la separación es inevitable. Cuando la administración de Obama intentó responder a la "crisis familiar" y los niños no acompañados, cruzando la frontera en el verano de 2014, puso a cientos de familias en detenciones de inmigración, esto fue una práctica que básicamente había terminado varios años antes. Pero los tribunales federales impidieron que la administración mantuviera a las familias durante meses sin justificar la decisión de mantenerlas detenidas. Así que Obama tomó la póliza de captura y liberación, y dejó libres a la mayoría de las familias, las que terminaron siendo liberadas mientras sus casos estaban pendientes. En muchos casos, desaparecieron en los Estados Unidos, en lugar de aparecer para sus citas judiciales.

Separar a las familias en la frontera es culpa de una mala legislación aprobada por los demócratas. Para terminar con los cientos de miles que estaban siendo capturados y liberados por el presidente Trump, cambió la póliza y estableció cero tolerancia. La póliza ha cambiado para las familias que califican, y las están dejando juntas en estas facilidades. Hay que entender que, aunque traigan niños si no califican son separados. Por ejemplo, califican si nunca habían sido deportados, o si vienen pidiendo asilo político. Pero todos los que no califican por diferentes razones, van a la cárcel y no pueden por ley tener niños.

El presidente Trump, hizo titulares el año pasado por cuestionar los costos de la inmigración ilegal. (Cotización) La prensa general revisó cada palabra y declararon que la cifra de 250 mil millones de dólares era una exageración. Sin embargo, al examinar el fondo de su argumento, se demuestra que es probable que estuviera cerca de la marca. Los costos de inmigración ilegal son integrales. Incluso después de restar los 19,000 mil millones de dólares en impuestos pagados por los 12.5 millones de los inmigrantes ilegales, que viven en el país el costo viene siendo de 116,000 mil millones de dólares anual a los contribuyentes estadounidenses. Alrededor de dos tercios de esta cantidad es absorbida por los contribuyentes locales y estatales, que a menudo son los menos capaces de compartir los costos. Uno de los principales impulsores de los crecientes costos son los 4.2 millones de niños migrantes, que automáticamente se convierten en ciudadanos estadounidenses. De hecho, a los contribuyentes estadounidenses les cuesta más de $45 mil millones en gastos de educación, estatales y federales anualmente, sin mencionar la carga adicional de billones de dólares de bienestar social. Hay también que recalcar que $30 mil millones en fondos médicos y de asistencia se desatan por el hecho de que las familias no ciudadanas en los Estados Unidos tienen el doble de probabilidades de recibir pagos de asistencia social que las familias nativas nacidas en el país. Una mitad completa de los no ciudadanos reciben Medicaid, en comparación con el 23 por ciento de los ciudadanos nativos, mientras que casi la mitad de los no ciudadanos están en cupones de alimentos. La particular preocupación es que los no ciudadanos que se quedan a largo plazo son más propensos a utilizar estos programas que aquellos que acaban de llegar. La mitad de los nuevos no ciudadanos reciben bienestar, pero la cifra salta a un impresionante 70 por ciento entre los que han estado en los Estados Unidos por más de 10 años. La carga adicional impuesta por los inmigrantes ilegales es de $600 en costos para cada ciudadano anualmente. La carga institucional de la inmigración ilegal también incluye una tasa de criminalidad cuatro veces mayor que la de los ciudadanos.

De todos los prisioneros federales, el 26 por ciento son no ciudadanos, dos tercios de los cuales se encuentran en los Estados Unidos ilegalmente. Considerando que le cuesta al gobierno federal $32,000 anuales por cada preso; los aproximadamente 25,000 no ciudadanos en nuestro sistema penitenciario, ascienden a casi $1,000 millones en gastos anuales, sin mencionar los gastos de las instalaciones correccionales estatales y la aplicación de la ley de inmigración. Las cifras generales de la observancia de las fronteras también se han disparado. El número de agentes de la patrulla fronteriza ha aumentado casi cinco veces en los últimos 25 años, y casi se ha duplicado en los últimos 15 años. Mientras tanto, los costos de proteger la frontera con México se han multiplicado casi por diez en el mismo período de 25 años, a casi $4 mil millones anuales. Esto sin tomar en cuenta el 43 por ciento de los inmigrantes ilegales que no se presentan a sus audiencias judiciales programadas después de sus detenciones.

Hay que también informar que el presidente Trump fue acusado de ser un malvado, porque estaba acusando erróneamente por DACA, de estar costando dinero y causando problemas a los ciudadanos estadounidenses. De acuerdo con la malintencionada información, los del DACA en su gran mayoría estaban estudiando en las universidades y no eran problemas para la sociedad. Sin embargo, la realidad directa del HLS es otra; más de 7 mil encarcelados por Battery, y asalto; 875 por violaciones sexuales; 8 por matar; y más de 7 mil por drogas y manejar borrachos. Son estas las razones y otras más que tiene el presidente, de oponerse a la emigración ilegal; Nada que ver con racismo. Lo de racismo, puras especulaciones e intereses políticos. No digo que sea un santo, pero tengo la certeza que la prensa liberal y los demócratas han creado de él una imagen errónea con el plan de sacarlo del poder.

Con toda honestidad, a mí me gustaría que todos pudieran hacerse legales, y que pudieran vivir como vive el resto de los ciudadanos. Pero hay que tener la responsabilidad de analizar las cosas positivas y negativas y ponerlas en la balanza de la razón para poder determinar con honestidad y justicia, a aquellos que tienen la razón. Esto es humanamente hablando, porque hay otra parte que todo el mundo olvida y es lo espiritual, y lo legal. Las cosas no son tan fáciles como mucha gente y muchos cristianos piensan por esto mencioné al principio lo que enseña la palabra de Dios. *"El que quiera seguir en pos de mí, niéguese a sí mismo, tome su cruz y sígame, dijo el Señor; los desobedientes y mentirosos no heredarán el reino de Dios.* Los que están aquí ilegalmente están en desobediencia y en base de mentiras.

Romanos 13:1-7, *Sométase toda persona a las autoridades superiores; porque no hay autoridad sino de parte de Dios, y las que hay, por Dios han sido establecidas. De modo que quien se opone a la autoridad, a lo establecido por Dios resiste; y los que resisten, acarrean condenación para sí mismos. Porque los magistrados no están para infundir temor al que hace el bien, sino al malo. ¿Quieres, pues no* *temer a la autoridad? Haz lo bueno y tendrás alabanza de ella; porque es servidor de Dios para tu bien. Pero si haces lo malo, teme; porque no en vano lleva la espada, pues es servidor de Dios, vengador para castigar al que hace lo malo. Por lo cual es necesario estarle sujetos, no solamente por razón del castigo, sino también por causa de la conciencia.*

1 Pedro 2: 13-14, *Por causa del Señor someteos a toda institución humana, ya sea al rey, como a superior, ya a los gobernantes, como por el enviados para castigo de los malhechores y alabanza de los que hacen bien. Pues por esto pagáis también los tributos, porque son servidores de Dios que atienden continuamente a esto mismo. Pagad a todos lo que debéis: al que tributo, tributo; al que, impuesto, impuesto; al que respeto, respeto; al que honra, honra.*

Tito 3:1, *Recuérdales que se sujeten a los gobernantes y autoridades, que obedezcan, que estén dispuestos a toda buena obra.*

Proverbios 12:22, *Los labios mentirosos son abominación a Jehová.*

Apocalipsis 21:8, *Pero los cobardes e incrédulos, los abominables y homicidas, los fornicarios y hechiceros, los idolatras y todos los mentirosos tendrán su parte en el lago que arde con fuego y azufre, que es la muerte segunda.) Estas citas bíblicas cubren lo espiritual y lo legal, dadas por el mismo Dios.*

Hay un gran número de periodistas, congresistas y otra gente que tienen influencia en el país, que solo le están mirando un solo lado a esta problemática. Analicemos bien en el siguiente ejemplo que debe de ser analizado con honestidad y transparencia: Todos los que por la razón que sea, tienen que ir al edificio de inmigración para arreglar cualquier situación migratoria, saben que tienen que madrugar, y más que madrugar hasta amanecer en fila para que puedan ser atendidos. Ahora bien; imagínese que yo me quede durmiendo, y luego aparezco a la hora que abren, venga, me pongo primero en la fila, y a mí me atiendan primero no importando lo que los que han madrugado digan. También es importante informar que hay millones de gente en diferentes países que han viajado a grandes sacrificios desde sus provincias, para llegar a sus embajadas, y han pagado grandes sumas de dinero, y están hace años en espera para que le den entrada al país en una forma legal. Ahora resulta que a los que se colaron de diferentes maneras ilegalmente, hay que darle el primado, y a los que les ha costado dinero, años de espera, y han seguido las leyes, los dejan fuera o quedan en la cola.

Lo que estoy seguro es, que todos estos periodistas y congresistas, y gente de influencia en la televisión, por muchas razones están totalmente equivocados. Están únicamente viendo el punto humanitario, y se han olvidado del punto que también es importante, y es el punto legal que cubre una gran información. Por ejemplo; Si uno está en otro país y quiere entrar a este país ¿para qué aplicar legalmente, seguir las leyes, pagar dinero, y pasar trabajo esperando? Será una invitación a entrar en el país ilegalmente, que sería lo más fácil, lo más rápido y lo más seguro. También he oído la excusa, por cierto, fuera de contexto, que este país es un país de inmigrantes. Por supuesto que este país al igual que todos los países está compuesto por inmigrantes. Si de verdad creemos la información bíblica, entonces podremos entender que, desde el comienzo de la humanidad, o después del diluvio como ya mencione, cuando Noé y sus hijos volvieron a llenar la tierra, de ellos somos descendientes toda la humanidad. En Génesis 9: 18-29 encontramos la historia sucedida después que Noé y sus hijos salieron del Arca.

Los hijos de Noé, Sem, Jafet y Can, en el principio de las naciones y los idiomas, según Génesis 10-32 poblaron las naciones de la tierra, de la siguiente manera.

De los hijos de Sem: Las naciones principales:

Elam: Los Persas, Asiría.

Asur, Asirios, Siria.

Arfaxad, Caldeos-Hebreos Persia.

Lud, Lidios, Arabia del Norte.

Armenios-Sirios Mesopotámica.

Los hijos de Jafet:

Gomer, Germanos, Rusos, Asia Menor.

Magog, Bretones, Armenia.

Madai, Excitas, Caucasia.

Javan, Medos, Europeos.

Tubal, Jonicos y atenienses.

Meses, Iberios,

Tiras, Moscovitas y Tracios.

Los hijos de Can el hijo que Noé maldijo y le dijo que él y su

Descendencia sería una raza de servidumbre:

Cus, y etíopes, Mizraim y egipcios.

Arabia y el Continente Africano.

Fut, libios, Canaán y Cananeos.

Como ya mencioné, en la historia de la biblia, libro de Génesis encontramos que Sem se quedó en el Medio Oriente, Jafet emigró a Europa, y Can al sur. Todos los del Medio Oriente son descendientes de Sem. Todos los europeos son descendientes de Jafet, y todos los africanos descendientes de Can. Como sabemos de África, de Europa y del medio oriente han emigrado a todos los países del mundo y nos hemos ligado de las tres descendencias, con la excepción de una clase de judíos que hasta el día de hoy no le permiten ligarse de ninguna otra descendencia.

¿Por qué menciono que la excusa de que es un país de inmigrantes está fuera de contexto? Porque es un país de inmigrantes, pero de emigrantes legales y no de ilegales. En el contexto que la prensa liberal y los demócratas lo quieren poner es, que como es un país compuesto de inmigrantes, llegan aquí y tienen que aceptarlos y darle su residencia. Si somos honestos, en ningún otro país civilizado del mundo esto es permisible. Por eso es por lo que al igual que en todos los otros países se han hecho leyes para podernos regir por ellas. Todos los países tienen leyes migratorias para controlar sus fronteras y su población. En el caso de este país, la mayoría de los indocumentados son Mexicanos, y México es uno de los países que más estrictos están aplicando las leyes migratorias. Los medios de prensa han reportado de cómo los gobernantes Mexicanos han deportado Cubanos sin ninguna misericordia. Y también han reportado de miles de personas de Centro y Suramérica, que han muerto a manos de los mexicanos tratando de cruzar sus fronteras. ¿Cuántas mujeres han sido violadas? y el abuso y atropello a que son sometidos todos los que cruzan sus fronteras, incluyendo niños. Yo le pregunto a Jorge Ramos y a María E. Salinas, ya que ellos son Mexicanos; ¿Porque ellos no hablan de esto, en lugar de estar atacando a los republicanos de este país tan enérgicamente como lo hacen? Es increíble la hipocresía. Lo que es para mí increíble es ver congresistas Demócratas buscan premiar a los que violan las leyes que el mismo gobierno ha establecido, y acusando a los Republicanos de ante inmigrantes y racistas, por ellos tratar que se cumplan las leyes que ya han sido hechas por el bien de todos y por el mismo congreso.

El siguiente es un ejemplo de muchos:

Durante la administración del presidente Clinton, por cierto, Demócrata; él firmó la siguiente ley; la reforma inmigratoria acto del 1996. Esta ley claramente dice que un inmigrante que esté ilegalmente presente residiendo en los Estados Unidos, no puede ser elegible en base a la residencia para ninguna ayuda financiera secundaria de estudios universitarios, (matrícula). De acuerdo con los informes de prensa, hay 11 estados en violación a esta ley Federal, que decidieron estatalmente cambiar dicha ley. El gobierno federal por conveniencias políticas no ha hecho nada al respecto. Ya todos conocemos cuáles son esas conveniencias políticas. Cualquier movida que perjudique a los emigrantes, representa menos votos en las elecciones de parte de sus familiares y de los que los apoyan. ¿Qué están haciendo estos 11 estados? Crear un privilegio especial sobre los ciudadanos y residentes legales en el resto de la nación. Hay millones de jóvenes en todos los otros estados, que no les dan ayuda secundaria para estudiar en las universidades, y como resultado no pueden ir a la universidad; mientras los residentes ilegales disfrutan de este beneficio en estos 11 estados, como es el caso de una de mis hijas, que para poder ingresar a la universidad, tuvimos que hacer préstamos de miles de dólares. Los residentes ilegales y sus defensores hacen protestas y manifestaciones gritando en muchos casos por justicia. Yo me pregunto; ¿De qué justicia están hablando? Casos como el que acabo de mencionar son los que precisamente tienen a los legisladores y a muchos ciudadanos americanos irritados, porque son ellos los que precisamente creen ser los ofendidos por parte de los ilegales y sus defensores. Están aquí violando las leyes, y a la misma vez, exigiendo derechos que no tienen; ya han llegado al grado de tener una organización que está siendo coordinada por una mujer joven, y que fue entrevistada por el presentador Bill O'Reily en Fox News, la que exigió que se prohíba el que se les llame ilegales a los ilegales. Es totalmente increíble e inaceptable escuchar activistas de esta organización, exigirles a los americanos en su propio país, a que se refieran a los ilegales como lo que en realidad son; Ilegales; simplemente están aquí ilegalmente.

Está también el punto humanitario que también hay que darle importancia y tener cuidado cómo aplican las leyes que puedan dañar niños inocentes, que no tienen la culpa de las malas decisiones de los padres o los adultos. Menciono esto porque todo el que entra a este país ilegalmente, sabe muy bien que está violando las leyes, y se está tomando riesgos de ser deportado o aún encarcelado. Deben de ser honestos y no estar culpando a los legisladores o aún a los americanos de sus malas decisiones. También pienso que los activistas y periodistas defensores a los derechos de los inmigrantes, deben ser más inteligentes tratando este tema, ya que los únicos que tienen el poder de resolver este problema es el Congreso de los Estados Unidos; y atacando los de un partido o el otro, no es la manera más correcta de tenerlos a su lado. Pienso que no se debieran estar confiando tanto en que los Demócratas les van a resolver este problema de inmigración, por la siguiente información.

El presidente Obama y los Demócratas les prometieron hacer una reforma inmigratoria si Obama era electo presidente. Sin embargo, desde el año 2007, los Demócratas fueron la mayoría en ambas cámaras, y en los últimos dos años hasta el 2010, también la presidencia ya que Obama fue electo a la presidencia. ¿Qué hicieron? Absolutamente nada. Cuando vuelvan las elecciones le aseguro que vuelven las mismas promesas. Así ha sido siempre, pero sus defensores se siguen haciendo los ciegos. Sin embargo, el presidente que hizo algo por ellos, fue un republicano, el presidente Reagan; y el otro que también trato de hacer algo para resolver este problema, fue otro republicano, G W Bush; y no lo logró porque los demócratas que habían prometido la reforma como ha sido mencionado, se opusieron. Estas son las realidades que la prensa liberal y los demócratas no informan, y siguen dopando un muy preocupante número de personas que rehúsan informarse de la indiscutible verdad. Lo aquí informado simplemente son verdades que no van a dar ni los medios de prensa liberales, y mucho menos los del partido demócrata. Ojalá que este problema pueda ser resuelto favorablemente para el bien de todos; legales e ilegales. Otra cosa que los legisladores deben saber es, que si no arreglan este problema y deportan los que están trabajando en la agricultura, creanlo o no; los tomates nos van a costar $10.00 la libra, y las lechugas $10.00. Tengo más que claro que ningún ciudadano o residente legal, va a ir a hacer esos trabajos por $7.50 la hora, y sin beneficios. Aparte que sé que son trabajos extremadamente duros.

La creencia que los demócratas, es el partido de los pobres y los Republicanos de los ricos.

Hay realidades que se deben analizar con honestidad y transparencia. Para mí es muy preocupante ver políticos en sus campañas políticas ofreciendo beneficios sociales al costo de muchos trillones de dólares, como es el caso del cambio climático, seguro de enfermedad, y un sinnúmero de otros beneficios para todos los ciudadanos y ver multitudes de ciudadanos aplaudiendo esas falsas promesas y creyendo a ciegas estás imposibles promesas. Las siguientes informaciones demuestran claramente lo importante de estar bien informado. Desde niño he escuchado que el partido Demócrata es el partido de los pobres y los Republicanos de los ricos; pero experiencias personales me han enseñado con honestidad y transparencia todo lo contrario.

Me crié en un hogar humilde y también demócrata. Recuerdo que cuando voté por primera vez, voté por las tradiciones que me habían enseñado de alguna manera mis padres y demás familia, y con la creencia que estaba dándoles el voto a políticos que me iban a ayudar. Debo aclarar que en aquellos tiempos el partido demócrata funcionaba, y tenía otra ideología; pero han ido cambiando a paso agigantado y escandaloso, tomando un rumbo totalmente opuesto a lo moral, y a todo lo establecido por Dios. Una de las cosas que me habían enseñado era, que el partido Republicano era el partido de los ricos, mientras que el partido Demócrata era el de los pobres. Después de unos años de ver que lo que me habían enseñado no me cuadraba con la realidad presente, empecé a analizar las cosas con una mente abierta, honesta, y con transparencia. En los análisis que he hecho, basado en experiencias personales y en una manera realista, me di de cuenta que esas enseñanzas en esta actualidad están incorrectas y carecen de la verdad. No tengo la menor duda, que simplemente esas enseñanzas y creencias las siguen dando debido a la falta de información y conocimiento, ya que un preocupante número de ciudadanos continúan ciegamente anclados en las tradiciones y convicciones políticas. Debo de aclarar que esta información no la he obtenido de las fuentes de prensa, sino de mis propias experiencias personales y de ver por 22 años el mal comportamiento de muchos, estafando los programas sociales, y de muchos años de estudio y averiguaciones de fuentes del mismo gobierno, y de libros de historia.

La información que el partido Demócrata es el partido de los pobres, no lo comparto de ninguna manera por las siguientes indiscutibles razones:

Quiero usar mi propio ejemplo, y en realidad es la misma situación de toda la clase media. La siguiente experiencia habla por sí sola, al igual que habla el resto de la información que dejará más que clara la indiscutible realidad.

Viviendo en la ciudad de New York en el año 1988 en un incendio mi familia y yo perdimos todo; yo me quedé con mi uniforme de trabajo, y mi familia con la ropa que tenían puesta. El fuego destruyó absolutamente todo y nos quedamos en la calle. Fui aconsejado por mis jefes de trabajo, al igual que familiares y amigos, a que fuera a servicios sociales para que me dieran ayuda; acudí a diferentes agencias de Gobierno, y me fue negada toda ayuda, porque de acuerdo con mis entradas de salario no calificabo. Estoy hablando del salario de un cartero que en ese tiempo era de 33 mil dólares al año. Como tampoco nunca califique para que me dieran Free Lunch a mis hijas en la escuela. La realidad es que la clase media para lo único que cualifica es para pagar impuestos, para que no solo los pobres, si no en su mayoría los listos viven. La siguiente información explica las razones que tengo en referirme a los listos mencionados. Trabaje como cartero por 22 años en New York y la Florida; nunca podré olvidar, como solo en una pequeña área de mi ruta, repartía cientos de cheques de ayuda social equivalentes a muchos billones de dólares cuando se cuentan mensualmente en toda la nación. Lo interesante era ver como la gran mayoría eran mujeres jóvenes con maridos en las casas, mintiéndole al gobierno que vivían solas. Hay que ver cómo la clase media hoy día paga impuestos, para que una gran cantidad de estos listos vivan en los programa de sección 8, cupones de comida, SSI, y otros programas del gobierno que sé que mucha gente conoce; Sin contar los muchos colectando dinero por medio de estar tramposamente deshabilitados, en su mayoría de la espalda, y también de otros impedimentos como la mente. Siendo honestos conocemos muy bien lo que aquí informo. Lo que está bien claro para mi es lo siguiente; yo no soy rico; trabaje 24 años para una compañía privada, y 22 años en servicio postal de USA. He trabajado desde el año 1962 sin parar hasta este día; le doy gracias a Dios, nunca estuve en una línea de desempleo; y sacando el dinero para estimular la economía que dio el Presidente GW Bush, ningún otro presidente ni Demócrata ni Republicano me han dado nada, ni califico absolutamente para nada. El ya fallecido Presidente John F. Kennedy, uno de los Presidentes más destacados de la Nación, a pesar de pertenecer al partido Demócrata, ya que los

Demócratas en un 98% son liberales, él era uno de esos pocos hombres y mujeres conservadores a los que me he referido; (Y por cierto uno de mis favoritos) dijo lo siguiente: "No es lo que el gobierno pueda hacer por ti; es lo que tú puedes hacer por el gobierno.". Desgraciadamente hoy en día una gran cantidad de gente quiere hacer todo lo contrario a lo dicho por el presidente Kennedy, incluyendo al presidente Obama y la mayoría de los demócratas. Si somos honestos, estas son verdades que se caen de la mata. Quieren cupones de comida, vivienda, seguro de salud, hasta celulares, pero sin tener que trabajar ni hacer nada. Por el rumbo que los demócratas llevan el país, pronto a nombre de la justicia social en que se han anclado, también le compraran un auto para que se muevan y se puedan transportar los listos mencionados.

Lo siguiente fue lo que Dios estableció.

> **2 Tesalonicenses 3: 6-12, "*Pero os ordenamos, hermanos en el nombre de nuestro Señor Jesucristo, que os apartéis de todo hermano que ande desordenadamente, y no según la enseñanza que recibisteis de nosotros. Porque vosotros mismos sabéis de qué manera debéis imitarnos; pues nosotros no anduvimos desordenadamente entre vosotros, ni comimos de balde el pan de nadie, sino que trabajamos con afán y fatiga día y noche, para no ver gravosos a ninguno de vosotros; no porque no tuviésemos derecho, sino por daros nosotros mismos un ejemplo para que nos imitaseis. Porque también cuando estábamos con vosotros os ordenamos esto: Si alguno no quiere trabajar que tampoco coma. Porque oímos que algunos de entre vosotros andan desordenadamente, no trabajando en nada, sino entre metiéndose en lo ajeno. A los tales mandamos***

por nuestro Señor Jesucristo, que trabajando sosegadamente, coman su propio pan. "

En cuanto a la enseñanza que los Demócratas son el partido de los pobres y los Republicanos de los ricos, es absolutamente falso. Cuando analizamos la realidad tenemos que ninguna persona que gana alrededor de $30,000 al año o más, no califica para ninguna ayuda del gobierno; créame ninguna ayuda es decir cero. Por ejemplo, a mi esposa le dio un derrame cerebral dejándola permanentemente lisiada, ya que perdió todo su lado derecho; también padece de otra enfermedad por lo que necesita medicamentos de por vida; yo estoy retirado, y nadie puede creer que no califico para ninguna ayuda de gobierno para ella, ni medicare ni Medicaid ni absolutamente nada; ni aún con las medicinas que me cuestan en Co- pagos unos $200.00 al mes; toda petición ha sido por escrito denegada en base a mis entradas y yo al igual que la clase media somos todos pobres. A grandes sacrificios sobrevivo todos los meses. ¿Cómo es entonces que los demócratas son el partido de los pobres? Es seguro que, si hago lo que muchos listos hacen, sin duda alguna estuviera recibiendo ayuda. Por ejemplo, una persona de esas que saben cómo se pueden hacer trampas para burlar las leyes me dijo lo siguiente: Si quieres que te ayuden en tu caso, lo que tienes que hacer ya que tus entradas no te lo permiten es divorciarte. El divorcio va a dividir tus entradas por la mitad; ya que la mitad del dinero le pertenece a tu esposa, de esa manera tú esposa aplica y por las entradas de ella no se lo pueden negar. Por supuesto que yo como cristiano jamás haría algo así, es mejor entrar al reino de los cielos pobre y necesitado, que con ese tipo de dinero al infierno y aparte que siempre he sido y seré un ciudadano correcto. Esto lo informo para que tenga una idea de a lo que me refiero cuando hablo de los listos. Lo que, sí conozco muy bien después de estar por 22 años sirviendo al público casa por casa en los estados de New York y la Florida, es que una gran cantidad de gente al igual que la persona que me dio el consejo para que evadiera la ley, viven de todos los programas del gobierno a fuerza de mentiras y trampas. Esta es solo una manera de muchas que hace la gente para obtener beneficios de todo programa del gobierno. El problema está en que lo que estableció el partido Demócrata al principio fue lo correcto, pero lo fueron corrompiendo, y ya lo han convertido en un estilo de vida. El propósito era ayudar a los verdaderos necesitados, los cuales yo también estoy de acuerdo en que se les ayude. Los listos que menciono también son pobres, pero en su gran mayoría no quieren sacrificarse como el resto de la población que también son pobres, pero que, si saben sacrificarse en muchas ocasiones con más de un empleo, y sacrifican otras cosas para salir adelante sin tener que depender del que paga impuestos. El problema de los Demócratas de hoy día es que su plataforma política es quitarle al que tiene para darle al que no tiene, sin embargo, muchos sabemos de millones, no de verdaderos necesitados, sino de listos como ya mencioné, que quieren y vienen viviendo de los que trabajan y pagan impuestos. No quiero ser mal interpretado, yo sé que hay gente que necesita ayuda, y bíblicamente hay que ayudar a los verdaderos necesitados. Pero esto debe ser únicamente a gente que necesita, y no a millones de listos como los que yo mismo en diferentes comunidades en New York y la Florida, veía debajo de los árboles bebiendo alcohol y fumando mariguana, con el dinero de impuestos que me sacaban a mí, y a todos los que trabajan. Por supuesto esto lo hacían los maridos de las mujeres ya mencionadas. Y créame esto ocurre en toda la nación. Es por esto por lo que no me cabe en mi cabeza, cómo es que gente que trabaja como lo hacía yo, pueden votar por los demócratas que son los que respaldan toda esta sinvergüencería. Lo único que pienso es que están faltos de conocimiento, las convicciones políticas los tienen ciegos, o están dopados. ¿Estará esto de acuerdo con lo establecido por Dios? La respuesta es absolutamente no. Lo que Dios estableció es lo siguiente. Génesis 3: 19, *Dios establece que con el sudor de tu rostro comerás el pan hasta que vuelvas a la tierra.* No solo Dios lo estableció, el mismo presidente Bill Clinton se buscó problemas con su partido demócrata, los que lo acusaron de Traicionar los niños pobres, (Betraying Poor Children,) por la siguiente reforma.

En Diciembre del año 1992, entonces electo presidente, prometió y dijo que había que hacer una reforma al programa de servicios sociales (welfare - ayuda de gobierno); porque según sus propias palabras, había millones de mujeres jóvenes viviendo del famoso welfare (ayuda de gobierno); y esto le estaba costando billones de dólares al gobierno federal: (Esto eran los cheques a los que me réferi que repartía cuando trabajaba de cartero.) Por supuesto a los que trabajan y pagan impuestos. En Agosto 22 del Año 1993, después de haber trabajado en esta reforma con el líder del Congreso el Republicano (Speaker of the House, Newt Gingrich, firmó dicha reforma que imponía lo siguiente.

1) Toda persona que estuviera recibiendo asistencia del welfare (ayuda de gobierno), tenía un máximo de 5 años para que fuera terminada toda asistencia.

2) Toda persona que recibiera los famosos cheques del welfare (ayuda de gobierno), y que estuviera capacitada para trabajar, tenía que tener un empleo en un término no mayor de 2 años. Fue aprobado darle un sensitivo a los estados para que ellos ayudaran a los verdaderos necesitados, y fuera de los estados esta responsabilidad. Así le dio fin al abuso de malgasto equivalentes a billones de dólares anuales; y así fue como logró crear millones de empleos, ya que los millones de gente que vivían de los que pagaban impuestos se tuvieron que ir a trabajar. En referencia a esta Reforma,

el Presidente Clinton dijo; (Quote), today we are taking an historic change to make welfare what it was meant to be, a second chance; not a way of life. Hoy estamos haciendo un cambio histórico para que la ayuda social vuelva a ser para lo que fue creada; una segunda oportunidad y no una manera de vivir.

Los impuestos

Esto es todo lo contrario a lo prometido por el electo presidente Barack Obama, de quitarle a los que tienen para repartirlo a los que no tienen. Cumpliendo su promesa le subió los impuestos a todo el que gana $250 mil dólares o más al año. La realidad es que esto en palabras suena bien, pero en hechos no es real, porque, aunque él habla de gente que ganen $250,000 o más, estos únicamente representan un 5% de los ciudadanos, y aunque este 5% contribuye con una buena parte, es también con los impuestos de la clase media que se hacen y se sostiene la mayoría de los programas del gobierno. Es tan así, que un experto en economía informó que el gobierno federal colecta casi 800 mil millones de dólares de impuestos de los ciudadanos, y 200 mil millones al año de las corporaciones.

Hay que también analizar correctamente las informaciones que dan los medios de prensa, al igual que los mismos políticos; el siguiente es un ejemplo de muchos. El presidente Obama y los demócratas, al igual que la prensa liberal, dicen que los ricos pagan de impuestos lo mismo que paga una secretaria. Esta información es totalmente incorrecta. Hay casos que los ricos pagan el mismo porcentaje que una secretaria como lo relacionan ellos; pero esto en ninguna manera quiere decir que pagan lo mismo. Como un ejemplo: Si ambos pagan un 15% de impuestos, digamos que la secretaria gana $50,00 dólares, el 15% son $7,500 dólares. Un rico que gane $1,000, 000, dólares al mismo porcentaje del 15% su pago es de $150,000 dólares, si son dos millones $300,000 dólares, y mientras más alto lo que ganen con el mismo 15%, más dinero pagan en impuestos. La información de que ellos no pagan el (Fare Share) es en mi opinión incorrecta y pura politiquería. También hay que mencionar que un 49% de la población no paga impuestos. Aparte de esto, como todos sabemos a la gran mayoría de los que pagamos impuestos por créditos y gastos y otros costos, nos devuelven una buena parte de lo que pagamos.

La siguiente información es en base a un comentario que hizo el presidente Obama. Las iglesias basadas en Malaquías 3:10; piden el 10% de sus ganancias a todos los miembros. La pregunta que yo hago es la siguiente: Basados en la palabra de Dios: ¿Podrá la iglesia pedir los diezmos basados en los salarios? Más bien; ¿pedirles a los miembros que ganen $30,000 dólares el 10%, y a los que ganan $100,000 dólares un 20%?. En el nuevo testamento en el libro de Hebreos capítulo 7 Abraham el hombre más rico de aquellos tiempos le pagó los diezmos (el 10%) al rey y sacerdote Melquisedec; al igual que el pueblo pagaba diezmos al sacerdocio según la ley. Esto fue lo que el mismo Dios estableció desde el principio. En la iglesia los que pagan el 10%, no importa lo que ganen, es lo correcto, y en los impuestos del gobierno, los que pagan su porcentaje también es lo correcto, y siendo honestos también es el Fare Share; y créame, ni me perjudica ni me beneficia lo que pagan los ricos; por el contrario, más me perjudica lo que le dan a los listos, ya que parte de lo que me quitan en impuestos es para ese propósito. Menciono esto porque fue Obama el que sacando un texto de la biblia fuera de contexto, dijo que la biblia decía que el que más tiene más se le exige. Es lo que enseña la biblia, pero no en referencia a dinero sino a trabajo.

Yo personalmente no creo que a nadie le guste que el gobierno le suba los impuestos, especialmente si ganamos poco dinero. Sin embargo, cuando un candidato de nuestro partido nos dice que si es electo va a subir los impuestos, no nos importa y le damos el voto. La razón es bien sencilla; si somos demócratas, a ningún costo le damos el voto a un Republicano; si somos Republicanos de ninguna manera le damos el voto a un Demócrata. Las raíces de nuestra tradición están extremadamente profundas, y tan profundas que ni siquiera queremos sentarnos a analizar a reflexionar o a escuchar. Y esto no es solo en los impuestos, es en un término general. Yo sé sostenido conversaciones con ciudadanos incluyendo cristianos demócratas, y solo saben lo que escuchan por los medios de prensa liberales, ya que son los únicos medios de información que escuchan; y que por supuesto les tienen el cerebro bien lavado, ya que en realidad no son jornaleros; son activistas de los partidos políticos.

En la campaña de la Presidencia entre el presidente Señor Barack Obama, y el Senador John McCain, fue un ejemplo claro. El presidente Barack Obama tenía claro, que él subiría, los impuestos. Por supuesto que él fue claro prometiendo hacerlo únicamente a las personas que se ganasen $250,000, o más. Digo las personas porque, aunque habló de pequeños negocios, la realidad es que toda persona que por el negocio que sea se gane ese dinero, tiene que pagar la subida de esos impuestos al gobierno. Yo no tengo la menor duda, que si el presidente Obama, le dice a toda la población que a todo el que trabaja le tendría que subir los impuestos, los resultados de la elección hubieran sido los mismos.

En relación con los impuestos la diferencia entre Demócrata y Republicanos es la siguiente. Los Republicanos, y lo más correcto es decir los conservadores, ya que hay Republicanos que no lo son, por ninguna razón aceptan legislar a favor de que suban los impuestos. Y por supuesto, aunque los acusan que solo a los ricos, la verdad es que no están de acuerdo que le suban los impuestos a nadie. Las razones son simples, los Republicanos conservadores creen que se debe pagar impuestos solo para lo necesario que necesite el gobierno, para asumir las responsabilidades que como gobierno le pertenecen, no importa el costo que sea, siempre y cuando tenga justificación. Los demócratas por su parte en una gran mayoría, le gusta y quieren subir los impuestos para todo tipo de programa habido y por haber. Esta es la razón que los identifica como el gobierno grande y liberal. Cuando hablo de la posición de ambos partidos, es tanto a nivel Federal, Estatal y local. ¿Por qué yo digo que el partido Demócrata no es el partido de los pobres sino el partido de los listos? Hay que vivir en ciudades grandes como la ciudad de New York, Los Ángeles, Chicago y todas esas ciudades grandes, para poderse dar de cuenta, cuántos listos viven de los programas fabricados por los Demócratas. Es esta la razón por la que el partido Republicano no tiene ninguna oportunidad de ganar elecciones en ninguno de estos estados. Es en estos estados donde más existen los llamados pobres, que, aunque sí los hay, también hay una mayor, o gran cantidad de listos y aprovechados que viven del que trabaja, y que cuestan billones de dólares al año a los que trabajan y pagan impuestos; y por supuesto, que tampoco son ricos como fue explicado en el capítulo anterior. Si quieren informarse mejor, analicen cuidadosamente el programa de sección 8, o el programa de cupones de alimentos. Aunque hay gente que sí los necesitan, hay otra gran cantidad de gente que lo sabe usted al igual que yo, que son unos listos y aprovechados, que a fuerza de mentiras obtienen esos beneficios como ya ha sido explicado.

Con honestidad analicemos lo siguiente,

La gente siempre se queja de los constantes incrementos en el costo, tanto en la gasolina, como en la comida, los seguros, la vivienda y los impuestos. Lo que sí no aumentan son los salarios. Si analizamos con transparencia y sin politiquería, la realidad es que cuando les suben los impuestos a los negocios, es garantizado que se los van a pasar al consumidor. Por esto, cuando en la campaña política del presidente Obama, yo escuchaba los argumentos de muchas personas, que se jactaban en decir; el Señor Obama le va a quitar a los ricos para dárselo a los pobres, dan ganas de reír por las siguientes indiscutibles razones. Como ya mencioné a cualquiera que sea que le aumenten los impuestos, se los va a pasar al consumidor; si es a la gasolinera, como al dueño de vivienda, como al restaurante o al negocio que sea. Y si son fabricantes o vendedores, les van a aumentar a los productos, o los resultados son despedida o reducción de personal. También es cierto que hay un por ciento de ciudadanos que ganan millones de dólares en deportes y otros empleos que no pueden pasarlos a nadie, pero estos en comparación a 330 millones de ciudadanos no son nada. Estas son realidades que la gente no analiza por estar ciegos a sus creencias y tradiciones, y solo informándose como ya mencioné por los medios de prensa liberales, y por información del Internet que al igual que la prensa hay que saber de qué fuente creíble o increíble se derivan. Lo que sí está garantizado, que en su mayoría, quienes pagan las consecuencias es la clase media y los que trabajan fuertemente a veces hasta 2 y 3 trabajos para salir adelante.

La razón por la que digo la clase media es porque los verdaderos pobres reciben algún tipo de beneficio, aunque ellos también son afectados, y créalo o no, el ciudadano que trabaja es el que va a pagar por esos impuestos, directa o indirectamente. Por ejemplo: ¿Sabe usted que pagamos 46 diferentes tipos de impuestos? ¿Sabe que tan solo en la factura del teléfono pagamos 7 diferentes impuestos, unos llamados tarifa, y otros impuestos? ¿Sabe que uno de esos impuestos por el gobierno federal es para pagar por los teléfonos celulares a los pobres que sus entradas no les alcanzan para obtenerlos? ¿Sabía usted que, si tiene dos teléfonos, el de la casa y un celular, paga doble por este impuesto para este propósito? Más bien todo el que tiene teléfono indirectamente le paga el servicio celular a los ya mencionados. Debe usted también saber que el costo anual de estos teléfonos es de un poco más de mil millones de dólares al año.

Es inexplicable ver el gran número de ciudadanos que no analizan estas realidades, y hasta se jactan en decir Obama le va a quitar a los ricos para repartirlo a los pobres. Sin embargo, son los primeros que se andan quejando cuando hay todo tipo de aumento, tanto en el supermercado, como en la gasolinera, la vivienda, en fin todo. Esto es tan real como que 2 +2 =4. Es por esto que los ricos seguirán siendo más ricos, no importa lo que le quiten, y los pobres más pobres. Por ejemplo, la administración de Obama le impuso más impuestos a las corporaciones de gasolina: ¿A quienes estas corporaciones les pasan esos impuestos? por supuesto que al consumidor. Esta es una de las razones por lo cual los precios suben. Y cuando digo los precios es todo, ya que como todos sabemos la gasolina es la que mueve todo. Otra razón de muchas es que el mismo gobierno también le sube los impuestos al consumidor, ya que el consumidor también paga impuesto por el uso de gasolina; y hasta Febrero del 2011 estábamos pagando nacionalmente, 48.1 centavo de impuesto a la gasolina por galón, y 53.1 al Diesel. Encima de estos impuestos, los estados y diferentes comunidades también cobran impuestos por el uso de gasolina. Y como ya expliqué antes, si les suben los impuestos a los propietarios por las ganancias de ventas, también le van a pasar esa subida de impuestos al consumidor; no le pueden aumentar al impuesto de la gasolina, pero si le aumentan a el precio en la pompa. En un edificio de vivienda cuando le aumentan los impuestos, o el seguro, o hasta las reparaciones; ¿A quiénes los propietarios les pasan la cuenta? ¿No es a los inquilinos subiéndole la renta? Lo que yo si tengo bien claro es, que no importa a qué negocio sea, ni un solo centavo va a salir de su bolsillo, lo van a pagar los consumidores. Es por esto por lo que no estoy de acuerdo con que aumenten los impuestos, ni seguros ni nada, ya que esto equivale a más costo de mi bolsillo. El ciudadano común solo se fija en los impuestos que le quitan directamente del cheque que cobra, pero no analizan todas estas realidades que nos están ahogando, y que cada día que pasa con estos tipos de gobierno que tenemos, se nos seguirán poniendo las cosas del color de hormigas. Si quieren en realidad saber porque no hace tanto tiempo atrás un galón de leche costaba $1.99, y un apartamento $400 0.500 dólares, esa es la razón por lo que el galón de leche cuesta $4.00 y los mismos apartamentos 2 mil dólares. Otra pregunta que debemos analizar con honestidad es la siguiente; ¿Por qué o cuál es la razón por la que la mayoría de los millonarios y billonarios donan millones de dólares y apoyan los políticos del partido Demócrata? ¿No son los demócratas los que quieren incrementar grandemente los impuestos? La respuesta ya se las he dado.

El abuso de poder y de dinero

En este país se malgasta el dinero por los trillones de trillones, a costa de los que pagamos impuestos. Como buen ciudadano sé que hay que pagar impuestos para lo necesario, el problema está en que el gobierno le da mal uso al dinero; no solo en lo ya mencionado sino también en todo. La lista es grande, de todo lo que uno ve a diario en todos los lugares en que uno pasa, o va a alguna oficina gubernamental para resolver cualquier situación. Lo que estoy mencionando es a nivel Federal, Estatal, del Condado y de Ciudad.

A los políticos no les importa el ciudadano, siempre están aprobando subir los impuestos a como dé lugar para obtener dinero para todo tipo de malgasto. Yo vivo en el condado de Palm Beach en el estado de la Florida; como todo el mundo sabe el valor de las propiedades se vino abajo por mucho dinero, y como también se sabe uno paga impuestos por el valor de la propiedad. El estado aumentó el descuento de los impuestos a la propiedad (Homestead Exemptions), de 25 mil a 50 mil dólares. Con las bajas de las propiedades y el descuento que dio el estado, mis impuestos aumentaron $500.00 dólares más al año por encima de lo que pagaba en lugar de haber bajado por lo ya mencionado. Cuál es la excusa que dan los legisladores; que todos los Departamentos condales aumentaron sus presupuestos. Como ya mencioné, yo vivo en Palm Beach, y veo a diario automóviles de otros condados; autos de la

97

policía, y de otras ciudades que viven aquí en este condado, y utilizan esos vehículos para el uso privado a costillas del contribuyente. Créame que se necesitan 100 libros para citar todo lo que uno ve a diario del malgasto en todos estos departamentos gubernamentales; y esto en realidad sucede en toda la nación. Solo por citar algo; usted pasa por algún lugar donde se esté abriendo un hoyo para poner algún poste, usted va a ver como 6 o 7 trabajadores; uno es el ingeniero, el otro el que cava el hoyo, otro el que saca la tierra, etc....etc... Me imagino que debe haber alguno para reemplazar al que se canse. Lo mismo en la construcción y reconstrucción de carreteras. Si tuviéramos gobiernos responsables, con los trillones de dólares que circulan y que obtienen anualmente a través de tantos impuestos, que hasta por el aire que respiramos pagamos, el país no tuviera la deuda de tantos trillones de dólares.

Muchos legisladores y una gran cantidad de ciudadanos no les están dando o prestando la atención debida a la deuda del país, pero mientras más endeudado este el país, menos valor tiene el dólar, y menos crédito para tomar prestado. Es por esto por lo que ya el crédito del país por primera vez en su historia bajo de triple (AAA a doble AA. Y está en amenaza de que lo desciendan a clase A. Todos los Imperios del mundo han caído; y por más seguros que nos sintamos, este no será diferente; lo mismo pensaba los otros 5 imperios pasados.

Un ejemplo de cómo malgastan el dinero es el siguiente. De los 800 mil millones que repartió la administración de Obama, tratando de estimular la economía, salieron en las noticias de ciudades que fabricaron aceras en lugares que ni caminaba gente, ya que eran lugares no transitables; y la excusa que dieron cuando fueron entrevistados por la prensa fue que mejor era darle trabajo a la gente que necesitaba empleo, a tener que retornar el dinero por no utilizarlo. La realidad es que hay gente que está de acuerdo con este tipo de abuso, pero yo absolutamente no. Es totalmente injusto e inaceptable, que uno trabaje fuerte para que le quiten impuestos para este tipo de abusos. Yo estoy seguro que, aunque los ciudadanos no lo conocen todo, saben bastante de todos estos despilfarros de dinero. También estoy seguro que, aunque los legisladores de nuestro partido nos pasen un tráiler por encima, los vamos a seguir respaldando. Estas son las razones del por qué, el abuso de poder. ¿Cómo es que los demócratas son el partido de los pobres, y le repartieron el dinero de los $800 mil millones de dólares a las compañías multimillonarias, y a los pobres propietarios de casas los dejaron en el limbo? Muchos propietarios de casas las perdieron, no porque no podían pagar la hipoteca; las perdieron porque los impuestos a la propiedad eran tan altos que no podían pagar.

Los demócratas en su gran mayoría son los que tienen la población y los propietarios de casas, pagando tantos y tan elevados impuestos. Esto es algo que nadie puede negar; por décadas ésta ha sido una de las luchas más peleadas entre Demócratas y Republicanos. En este mismo tiempo en que estamos, la razón que demoró el acuerdo de la nueva ley Obama Care, y una de las razones del por qué los Republicanos unánimes votaron en contra de esta ley, fue porque los Demócratas incluían el uso del dinero de los impuestos para pagar por los abortos. También el gobierno por poco es obligado a cerrar sus funciones porque los Demócratas querían eliminar la reducción de impuestos que había otorgado el presidente GW Bush. La excusa que usaban era que eso solo favorecía a los ricos. Estas son las excusas que los ciudadanos no analizan; pero a la hora de la verdad, el presidente Obama admitió que había que continuar con dicha reducción de extensión de impuestos, porque de lo contrario afectaría a todo el que trabaja y paga impuestos, y en la situación en que se encuentra el país esto no era aceptable. Lo ya citado fueron palabras textuales del presidente Obama. ¿Por qué la prensa liberal no atacó al presidente Obama, por continuar el recorte de impuestos a los ricos según ellos que hizo el presidente Bush? Yo en realidad estoy de acuerdo con esta decisión del presidente Obama, porque sé que hizo lo correcto, pero, el punto es que ahora que fue el Presidente Obama al cual ellos respaldan, no hay problemas ni lo acusan de respaldar a los ricos. Otra evidencia que demuestra que los demócratas son los responsables de las subidas de tantos impuestos, solo hay que ver como todos los estados que han sido dominados por décadas por los demócratas, como son los casos de New York, California, Illinois, y otros más, incluyendo ciudades dominadas por los demócratas, son tan elevados los impuestos, que no hay lugar para la clase media, y se están mudando de estos estados y ciudades por millones ya que les es imposible subsistir.

La parcialidad de la prensa liberal

En referencia a la prensa liberal, con honestidad hay que analizar lo siguiente: En el año 2006 la gasolina subió a casi cuatro dólares el galón; la prensa le cayó encima al presidente Bush y lo culparon por la subida de precios, a diario era una cantaleta en todos los medios de prensa liberales. Ahora bajo la administración de Obama los precios de la gasolina que estaban a $1.84 el galón cuando él tomó el poder en Enero del 2009, han pasado de los $4.00 dólares, pero como se trata del presidente Obama el que ellos respaldan, no se oye a nadie de la prensa liberal atacando a la administración de Obama y culpándole de la subida de precios en la gasolina. Como ya he informado la prensa liberal ya hace muchos años viene parcializada con los demócratas; informan lo que les conviene, no informan, o tuercen la noticia. El siguiente es un ejemplo: El presidente Trump corrió para la presidencia haciendo una lista larga de promesas, las que ha cumplido al pie y letra; comenzando con la pared en la frontera; bajando los impuestos creando millones de empleos, entre los cuales ha logrado los números de desempleo más bajos en la historia a latinos y afro-americanos, al igual que a mujeres; quito miles de regulaciones que estaban matando los empleos; bajó el desempleo a 3.5; ha logrado un récord de empleo que no había surgido en más de 50 años; subió la economía que no pudo subir Obama en 8 años, y como resultado las inversiones en Wall Street han estado rompiendo todos los récords, lo que ha ayudado las pensiones de los trabajadores y de todas inversiones. Por medio del recorte de impuestos ha logrado alzas en salarios; logró eliminar el mandato de pagar multa por el Obama Care por medio de los pagos de impuestos a final de año; dobló el crédito de impuestos a las familias para aliviarles sus cargas; y como resultado de todo lo mencionado, el nivel de pobreza bajó de 14.8 que lo dejo Obama a 10.5 por ciento en sus primeros 3 años y medio. Hizo unas cuantas enmiendas entre ellas a los veteranos que estaban sufriendo las atenciones médicas que muy bien se merecen. Ha logrado que muchas empresas regresen al país. En fin, son más de 700 buenos logros para la ayuda de todos los ciudadanos, sin contar con muchos otros logros muy importantes en la política exterior, como es el caso de los tratados de México y Canadá, y los billones de dólares que están entrando de China por medio de las tarifas que le ha impuesto. Toda esta información es cien por ciento correcta. La pregunta que hago es la siguiente para que sea contestada con honestidad; ¿Qué medio de prensa liberal le ha dado siquiera un crédito por estos logros? La respuesta es cero. Por el contrario, solo les hacen críticas a todos sus logros.

Como ya informé antes, los medios de prensa liberales al igual que la hipocresía de los Demócratas, le han caído arriba al presidente por el ataque contra el general criminal de Irán, al que eliminaron por estar atacando la embajada de EU en Irak. Este general ha estado directamente envuelto en ataques terroristas contra soldados Americanos en Afganistán, Irak y otros países Africanos. Aparte de directamente haberles dado muerte a más de 600 soldados americanos. Fue responsable de miles de muertes más, incluyendo ataques contra Israel. Hace apenas unos meses atrás Irán le bajó un Drone a EU en aguas internacionales; y en el último año han tomado presos 6 barcos; al igual que tomaron rehenes a un grupo de soldados americanos también en aguas internacionales. ¿Por qué la parcialidad y la hipocresía de los mencionados? Lo mismo que está haciendo Trump, es lo mismo que han hecho los últimos 4 presidentes. Como prueba, esta cotización que registra la historia, y la que no van jamás a dar los liberales. El presidente Obama ordenó un total de 563 ataques, en gran parte por aviones no tripulados; apuntaron a Pakistán, Somalia y Yemen durante sus dos mandatos, en comparación con 57 ataques bajo el presidente Bush. Entre 384 y 807 civiles murieron en esos países, según informes registrados por la Oficina de gobierno. Obama también comenzó una campaña aérea dirigida a Yemen. Su primer ataque fue una catástrofe: los comandantes pensaron que estaban apuntando a Al Qaeda pero en su lugar golpearon a una tribu con municiones de racimo, matando a 55 personas. Veintiuno eran niños, 10 de ellos menores de cinco años. Doce eran mujeres, cinco de ellas embarazadas.) Pakistán fue el centro de las operaciones de drones durante el primer mandato de Obama. El ritmo de los ataques se había acelerado en la segunda mitad de 2008 al final del mandato de Bush, después de cuatro años los ataques se habían reducido a ataques ocasionales. Sin embargo, al año siguiente al asumir el cargo, Obama ordenó más ataques con drones que Bush durante toda su presidencia. De estos ataques, 54 de ellos tuvieron lugar en Pakistán en el año 2009.

Porque los demócratas y la prensa liberal no son más honestos y se preguntan; ¿Qué, hacía un general de Irán en un campo de guerra en Irak, donde los americanos con la autorización de Irak están ayudando a combatir los terroristas de ISIS? Por el contrario, están acusando al presidente Trump, de abuso de poder por haber eliminado un enemigo de USA; me imagino que ya comenzaron las reuniones a puerta cerrada para planear el próximo impeachment (proceso de destitución). Es mi opinión que cualquier ciudadano que no vea la parcialidad y la mentira está delirando, o no es honesto ante la realidad. Es más que claro en base a los verdaderos acontecimientos y los hechos de ambos presidentes, que la prensa liberal está totalmente parcializada, y no es nada de honesta y mucho menos creíble. Es totalmente increíble que por haberle dado muerte al terrorista general de Irán lo acusen de criminal, y sin embargo nada de crítica a Obama por haberles dado muerte a las mujeres y niños inocentes mencionados.

El seguro de enfermedad Obama Care.

Si analizamos el seguro de enfermedad de Obama Care, podremos darnos de cuenta que perjudica más a la gente que a los que beneficia. En mi forma de verlo es un desastre que han cometido los Demócratas con esta famosa ley de seguro de enfermedad Obama Care. La prensa liberal solo informa lo que les conviene como ya ha sido informado. En mi caso, y es el caso de millones de trabajadores, la prima de mi seguro de enfermedad me ha subido más de $200.00 dólares mensuales. Aparte de esto, los seguros subieron todo copagos de medicinas y doctores. Es por esto por lo que después de más de un año de esta ley estar vigente, más de un 63% de los ciudadanos, la desaprueba y quieren que sea eliminada. La prensa y los legisladores demócratas informan de lo buena que es esta ley, porque les da cobertura del seguro de los padres a todos los hijos hasta que cumplan 26 años. Lo que no informan es que ahora las compañías de seguros tienen que por obligación alistar millones de jóvenes en las pólizas de los padres, y que esto va a costar millones de dólares. Ese dinero tiene que salir de algún lado, y por supuesto en este caso de los padres. Como ya informé, a ninguna compañía o a nadie que por razón de impuestos u otras razones como esta ley que les cueste más dinero, es seguro que se lo van a pasar al consumidor. Otra cosa que no informan es lo siguiente; de la manera en que esta ley ha sido hecha en referencia a esta cobertura, no importa si los hijos están casados o no, si todavía viven o no con los padres, aunque tengan empleo y sus empleadores les proporcionen cobertura, el seguro de los padres tiene que cubrirlos bajo esta ley. Suena hasta ridículo, pero es así. Por ejemplo: tengo una hija que tiene 23 años y trabaja, y donde trabaja tienen seguro de enfermedad; el consejo que le dieron los mismos empleadores fue, que si obtenía seguro con ellos estaba botando su dinero, ya que automáticamente mi seguro la cubría. Y exactamente así es. Obtuve información por escrito de la compañía de seguros y también del gobierno que pasó la ley, explicando en detalles la nueva ley, su cobertura, responsabilidades y obligación. Como mencioné, no informan que esta ley perjudica a mucha más gente que a los que beneficia. Aparte de que volvemos a lo mismo, todo esto lo hacen para beneficiar a los listos ya mencionados. Había 33 millones de personas que no tenían seguro de enfermedad, por esto fue hecha esta ley; aunque ni aún con esta ley queda con seguro de enfermedad toda la población. Una gran parte de esos que ya he mencionado que no quieren trabajar y han convertido los programas del gobierno como su estilo de vida, son los que recibirán seguro de enfermedad con el dinero de los que pagan impuestos. Lo informo porque solo en el año 2015, la información es que el Obama Care costó a los contribuyentes más de 56 billones de dólares en suicidios solamente. Hay también un porcentaje de gente, en su mayoría jóvenes, que trabajan en lugares que no les proveen seguro, y que en ciertos casos serán beneficiados, y en otros perjudicados, ya que con lo poco que ganan no pueden contribuir a este mandato; y si no compran seguro de enfermedad serán multados. Digo multados porque aunque ellos para que suene mejor le llaman impuesto, la realidad es que es una multa que la cobra por medio de los impuestos. El mandato de esta ley que dicta que será obligatorio comprar seguro de enfermedad, es para los que trabajan. Este mandato de ley se encuentra en proceso en los tribunales, porque muchos expertos incluyendo fallos de jueces, lo encuentran anticonstitucional; y lo es en base a la enmienda número 14 de la constitución que fue propuesta en Junio 13, de 1866, y ratificada en Julio 9, de 1868, que dice que ningún estado puede hacer o imponer leyes que le quite el privilegio que tiene el ciudadano, de sus libertades de vida y de sus derechos de propiedad. Por lo tanto, este mandato viola esta enmienda. Los Demócratas para poder burlar esta enmienda, ya que la ley habla de multar al que no compre seguro, y al multarlo violarían esta Enmienda de la Constitución, le cambiaron el término de multa por un impuesto basándose en el Artículo 1 Sección 8 de la misma Constitución que dice que el Congreso tiene el poder de hacer leyes para colectar los impuestos al ciudadano. Y la Enmienda # 16 de la Constitución, que también le otorga ese mismo poder al Congreso de recolectar impuestos de cualquier identidad que se deriven, sin importar la representación de área que tengan los estados o su población. Otro de los trucos que hicieron para poder pasar la ley, fue que usaron el proceso llamado en Inglés, Budget Reconciliation, que se supone que este proceso sea únicamente aplicado para una legislación de presupuesto. La razón por lo que utilizaron este proceso fue porque con este proceso solo necesitan 51 votos, mejor dicho, la mitad más uno para poder pasar la ley; Y ellos sabían que utilizando el proceso que requiere la Constitución, en una enmienda que pasó el senado en el año 1975 donde dicta claramente que todas las leyes de esta magnitud que afectan al ciudadano, tienen que ser aprobadas por una tercera parte del Senado que serían 60 votos. La razón por lo cual se necesitan los 60 votos de acuerdo a los relatos constitucionales es porque el Congreso y el Senado, son electos por el pueblo, por lo tanto, al privarle a los senadores sus derechos están afectando a los votantes que fueron los que los eligieron para que tomaran decisiones legislando por ellos. En otras palabras, esta ley la impusieron los Demócratas por la fuerza, sin importarle los derechos constitucionales que tienen los ciudadanos. Y cómo lo lograron; Siendo la mayoría en ambas cámaras, y teniendo también la presidencia, hicieron los cambios ya mencionados; y donde manda capitán, no manda marinero.

Hay que siempre mirarle las dos caras a la moneda. Cuando analizamos con honestidad todas estas leyes y programas del gobierno, siempre vamos a ver que los perjudicados siempre son los que trabajan. Toda la gente que trabaja y que tienen seguro médico, esta ley no los beneficia, por el contrario, como ya ha sido mencionado los perjudica con la excepción de la cobertura de condiciones previas, ya que es lo único que beneficia a todo el mundo. Por esta razón esta ley está siendo rechazada. Beneficia a menos de un 30% de los ciudadanos y perjudica a más de un 60%. Por ejemplo: Un padre que su hijo esté estudiando en la universidad y que todavía dependa de sus padres, esta ley los favorece, Pero un padre que su hijo ya haya terminado la escuela superior, y esté entre los 18 a 26 años, y ya se encuentre trabajando, esta ley no favorece a esos padres absolutamente en nada. Por el contrario, está enseñando a los hijos a ser mantenidos, y a no aprender a hacerse hombres y mujeres hasta que ya sean viejos. Para mí esto no es extraño, ya que esto es precisamente lo que identifica a los Demócratas. No creo que haya que ser un experto en saber cuál es el por ciento de los hijos que después de la escuela superior siguen los estudios universitarios, y cuántos terminan la escuela. Esto es sin contar los que ni la escuela superior termina. Esta es una de las razones del por qué la mayoría de la clase trabajadora se opone a esta ley. Yo me pregunto ¿porque el gobierno me va a obligar a mí, a darles seguro de enfermedad a mis hijos? Ya que están trabajando, y por otro lado no los puedo clamar en los impuestos de final de año, porque para ese propósito para el gobierno ya son mayores de edad, y no importa si los mantengo o no, no los puedo clamar como mis dependientes.

Como ya mencioné, ningún medio de prensa liberal va a dar estas informaciones. Aparte de esto ni aun los mismos miembros del congreso sabían con exactitud la ley que habían firmado, ya que la misma Nancy Pelosi, la líder del partido demócrata, expresó que había que firmar la ley para luego saber que había en ella. Este tipo de decisiones me indica, que esta Señora al igual que muchos miembros del congreso, son unos incompetentes que se debieran retirar de esos puestos que le quedan muy grandes, e irse a sus casas a jugar con sus nietos, en lugar de estar llevando el país a la bancarrota. Ahora se han encontrado con un gran número de regulaciones y mandatos que ni ellos mismos quieren, como, por ejemplo, que se incluyan las pastillas y condones para evitar embarazos. Es hasta increíble escuchar a miembros demócratas del congreso expresar cuando han sido entrevistados por la prensa, que ellos no sabían de estas regulaciones y mandatos cuando firmaron la ley. Estas son las cosas que en realidad hay que analizar con honestidad y transparencia. Imagínese a donde hemos llegado, que los que pagamos impuestos, a nombre de la salud, por obligación tenemos que pagar para que las mujeres libremente puedan hacer sexo y no queden embarazadas. El descaro es tan grande, que es por esto por lo que los demócratas acusan a los republicanos de declararles guerra a las mujeres, porque los republicanos se oponen a este tipo de mandatos. Por supuesto que es menos costoso darle anticonceptivos que tener que mantenerlos, pero en realidad no debiera de ser ninguna de las dos cosas. Es el mismo gobierno en su gran mayoría los demócratas, los que se han encargado de haber creado esta problemática, que cada día en lugar de corregir la quieren seguir extendiendo. Ya no solo hay que pagarle vivienda, cupones de comida, seguro de enfermedad, teléfonos celulares, y otros sin número de beneficios que reciben, ahora también hay que pagarles anticonceptivos y condones. Ya llegará el día que legislen que hay que pagar impuestos para comprarles un automóvil, para que se puedan transportar libremente a nombre de a lo que ellos llaman justicia social.

Todas estas realidades mencionadas son preocupantes, ya que un preocupante número de ciudadanos o no conocen o ignoran, y como resultado continúan eligiendo todo este tipo de legisladores que cuestión de tiempo llevarán al país a la bancarrota. Lo siguiente es lo que predice uno de los expertos mundiales de economía.

La deuda del país

El 17 de Abril 2013, un experto en economía conocido mundialmente ha hecho pronósticos como la caída del mercado (Wall Street) en el 2008, la caída de ventas y compras de casas, la caída de Freddie Mac y Fannie Mae, la bancarrota del General Motor, y la crisis económica por la que atravesó el país de Estados Unidos de América, ha hecho el siguiente pronóstico. El pronostica una crisis financiera mucho mayor que la del 2008; Pronostica que tanto el gobierno Federal como algunos estados tendrán que cerrar sus funciones temporalmente, el cierre de bancos y de compañías, y una nueva caída de por lo menos un 40% de inversiones en Wall Street. Pronostica que millones perderán sus inversiones de cuentas bancarias y pensiones, y que aún los beneficios del seguro social estarán en peligro. También pronostica que el dólar perderá mucho valor. Este pronóstico está basado en la gigantesca deuda en que se encuentran los Estados Unidos de América. Como experto en economía dice, que, si el gobierno Federal le cobra a cada ciudadano del país un 100% de impuestos, todavía la deuda se queda corta por trillones de dólares. Esto me recuerda a otro experto en economía, que cuando la deuda era de 14 trillones dijo que cualquiera que tuviera una buena calculadora podía figurar que la deuda de los 14 trillones era más grande que si se hubiese gastado un millón de dólares diarios, desde el nacimiento de Cristo hasta ahora. Esto era cuando la deuda era de 14 trillones; la deuda actual es de 28 trillones y se espera que pase de 30. La realidad es que esta deuda es más grande que la deuda de la unión de países Europeos juntos; es la deuda más grande del planeta tierra. Para poder pagar esta deuda de hasta ahora 28 trillones, está costando cerca de 500 billones en intereses anuales, y se espera que para el 2030 alcance un trillón de dólares anuales, lo que pienso será el comienzo del final, y si los Demócratas toman el poder será el final.

El presidente Obama, y los demócratas pensaban que manipulando los intereses y dando los famosos préstamos de billones de dólares a compañías privadas, iban a estimular la economía, cosa que no ha dado buenos resultados. Por el contrario, el dinero que han prestado y malgastado es dinero que también se lo ha cogido prestado a países como China y Japón, a los que ya se le deben billones de dólares. De acuerdo con los pronósticos, muy pronto el costo de mantener esta deuda será declarado incalculable, he imposible de pagar, aunque logren estimular la economía. Y como ya ha sido informado, aunque les quiten en un 100% los impuestos a todos los ciudadanos. Y si les quitaran todo el dinero a los multimillonarios del país, no alcanzaría para pagar los intereses de esta deuda.

Hasta el 2013, el presidente Obama les había subido a los ricos los impuestos en más de un trillón y medio de dólares, (1.6); esto en combinación con los gastos del país no alcanzó ni para cubrir los intereses y gastos del país de un mes. Esto indica claramente la cantidad de dinero que el gobierno Federal está gastando anualmente. Lo más grave de esto es que tanto el presidente Obama como muchos del partido Demócrata, informan, que no es cierto que se esté gastando dinero excesivamente. No entiendo a que ellos le llaman el haber repartido 8. 4 billones de dólares en préstamos a compañías privadas, para construir autos eléctricos como es el caso de la Fisker que le dieron 200 millones de dólares, y se fueron a la bancarrota. Esto es aparte de los billones que les han repartido a compañías solares como la famosa Solyndra, que le dieron un préstamo de 500 millones del dinero de los que pagamos impuestos, y también se fueron a la bancarrota perdiendo todo este dinero. Esto es solo por usar algunos ejemplos, porque los billones que han repartido a tantas compañías y ciudades no tienen nombre. Si los que pagan impuestos se dieran de cuenta, o analizaran los millones que se están gastando en lujosos viajes de vacaciones, y un sinnúmero de gastos a cuenta de los que pagamos impuestos, ya hubieran hecho una revuelta. En un reporte que escuche de una fuente creíble la esposa del presidente Obama en unas vacaciones que fue a España en el 2012, se gastó en 5 días, medio millón de dólares de los que pagan impuesto. El vicepresidente Biden se gastó un millón en unos días que estuvo visitando Europa. Según lo que informaron solo la Limosina que los transportaba por diferentes lugares costó 300 mil dólares.

El presidente Obama cuando estaba corriendo para su primer término, llamó antipatriota al presidente George W Bush, porque en 8 años de su presidencia le había añadido al país una deuda de 5 trillones de dólares. Más bien de 4 trillones que se debían a 9 trillones... Según sus propias palabras ya habían endeudado las futuras generaciones por miles de dólares a cada uno. Fue más específico diciendo que los hijos de nuestros hijos antes de nacer ya estaban endeudados. Sin embargo, en 4 años llevó la deuda de 9 a 17 trillones; y se esperaba que antes que termine su segundo mandato, la deuda pase de 23 trillones, sin contar los intereses y lo otro ya mencionado. Precisamente fue lo que sucedió con el costo del famoso Obama Care, con más de 1 trillón de dólares.

Hasta el día de hoy todavía hay gente que sigue usando la excusa que el presidente Obama heredó un desastre económico por lo ya mencionado, razón por lo que no ha podido tener buenos logros. En mi opinión considero que las personas que todavía a esta fecha siguen usando esa excusa, simplemente es por sus posturas políticas ya mencionadas, o por falta de conocimiento, o no tienen la capacidad de analizar algunas verdades. (ejemplo), cuando el presidente Carter le entregó la presidencia al presidente Reagan, le entregó un desastre tres veces peor que lo que heredo Obama. La economía del país en total desastre, el desempleo por el piso, los intereses de préstamos al 18%, al punto de una guerra con Irán, ya que tenían 52 rehenes americanos a los que el incompetente Carter no pudo liberar; ¿Que me dicen de las filas para echar 4 galones de gasolina un día sí y otro no? El comunismo arropando el caribe y centro América. La guerra del Salvador, invasión a Granada y Santo Domingo. Los conocedores saben que, durante la presidencia de Carter, el mundo entero le había perdido el respeto a este país. Fueron muchos más los problemas que heredó Reagan. Sin embargo, en sus primeros tres años de presidencia corrigió todo lo mencionado; fue reelegido dejando un país próspero y un mundo entero incluyendo a Rusia que nos respetaba. Por supuesto Reagan antes de ser presidente tenía un buen resumen, ya que fue un sobresaliente gobernador del estado más grande de la nación en cuanto a población se refiere. En cambio, siendo honestos ¿cuál era el resumen de Obama? No creo que hubiera corrido ni un Mc Donald. Su resumen en cuanto a un dirigente solo era de organizador de barrio. El ser estudiado no lo capacita para correr a una nación líder del mundo. Estos simplemente fueron los resultados de su incompetencia, porque, aunque era senador cuando fue electo presidente, solo tenía la experiencia de un año ya que un año lo invirtió en su campaña política.

Los expertos saben que todo préstamo está basado en las garantías del valor de lo que uno posee; De igual manera los préstamos del país están basados en el tesoro del país. Cuando la deuda supera esas garantías o el tesoro, es hora de pagar o de perderlo todo. Es por esto por lo que hace como 2 años atrás, el crédito del país por primera vez en la historia, bajo el crédito, de triple (AAA) a doble, (AA). Y si no imponen el famoso secuestro, ya estuviera en la clasificación (A). Todavía existe la posibilidad de que baje a esta clasificación, precisamente por el gran descontrol de gastos en que se encuentra el país. Los expertos en economía aseguran que, aunque se tomen medidas drásticas ya estamos en una situación económica muy difícil de superar. ¿Qué se puede superar? Yo creo que sí. Pero imagínese las medidas y recortes que tendrá que hacer el gobierno. ¡Si con el recorte del famoso secuestro, que solo es un recorte de 87 billones están poniendo el grito en el cielo! Imagínese si se vieran obligados a cortar 4 o 5 Trillones. Hay que informar que este recorte de 87 billones solo cubre los gastos de 2 días del país. Existe una gran posibilidad, que lo mismo que pasó con los bancos Freddie Mac Y Fannie Mae con el Housing Market, le pase al país a nivel de gobierno. Ya hay ciudades que se han declarado en bancarrota. Yo creo que es tiempo de ambos partidos políticos, y aun de los ciudadanos de no estar señalando o buscando quien tiene la culpa, ya que cuando se analiza con honestidad lo que ha venido pasando desde hace muchos, pero muchos años, son muchos los millones de culpables. Lo menciono porque aquí hay millones de tramposos, que hace muchos años vienen costando trillones de dólares a los que pagamos impuesto, en los programas que el mismo gobierno ha fabricado; Y le aseguro que muchos de ellos mismos son los que están culpando al presidente Bush. Yo pienso que hasta ahora no han tomado medidas para controlar todo este despilfarro de dinero, porque tanto el presidente como muchos legisladores y ciudadanos, creen que el país es muy grande y poderoso para venirse abajo. Se les olvida que antes de esta potencia mundial, había otras cinco potencias que también creían lo mismo, como fue el caso de España, que ahora se encuentra casi en la bancarrota, y con uno de los desempleos más altos del mundo. Este también es el caso del antiguo imperio de Grecia. En todo caso, si no lo hacen es cuestión de tiempo en que todos los ciudadanos seremos adversamente afectados, sin remedio inmediato a la situación que ya se ve venir.

Hay que reconocer que el presidente Clinton, fue un gran arquitecto en arreglar la economía y en crear empleos por medio de las reformas mencionadas; pero años más tarde una de las reformas trajo resultados catastróficos de los que la prensa nunca informó correctamente. Se trata de la enmienda a la ley de Community Investment Act, firmada por el presidente Carter en el año 1977. En esta enmienda fue cambiado el sistema de otorgar préstamos, el uso de tarjetas de crédito, y todo lo que tenía que ver con compras y ventas a crédito. Para los años de su presidencia, esta enmienda dio resultados de trillones de dólares en todo tipo de compras y ventas, incluyendo compra de casas, automóviles tarjetas de crédito, en fin, todo: Así fue como se ingenio para llevar al País de un déficit, a un estado económico positivo. Pero esta enmienda años más tarde trajo los siguientes resultados catastróficos. La prensa malintencionadamente por conveniencias políticas nunca ha dado la siguiente información ¿Porque la información mal intencionada? Para poder entender con exactitud lo sucedido en este país, en el colapso del 2008, hay tres factores que contribuyeron a la gran problemática por la que estuvimos atravesando durante 8 años. Una fue la caída de Wall Street, la otra la subida del petróleo, que por supuesto cuando sube el petróleo no solo lo vemos en la pompa de gasolina, sino en todo lo que envuelve la economía, desde lo que comemos hasta lo que pagamos en hipotecas y alquileres. La otra fue la caída de las propiedades. Lo que sí está claro es que todo siempre tiene un comienzo. Todo esto no fue de un día para otro como piensan los que le siguen echando la culpa a GWB; tomó algunos años, por esto hoy día tenemos los resultados de lo que se sembró durante la administración del presidente Clinton. Lo siguiente sin ninguna discusión fue lo que causó la caída de las propiedades:

En los años antes de mediados de los 70, sólo los ricos podían comprar propiedades y tener negocios. En el año 1977 el ex-Presidente Jimmy Carter firmó la ley ya mencionada, Community Investment Act, para favorecer a la clase media que tuviera un buen crédito y un pago inicial; los bancos no podrían negarle un préstamo para obtener una propiedad, siempre y cuando tuvieran las entradas anuales que se lo permitieran. Por cierto, muy buena ley, ya que fue entonces que empezamos a ver a la clase media obtener casas y pequeños negocios. En el año 1995 esta ley fue enmendada por el ex-Presidente Bill Clinton; y en la nueva ley no se le puede negar un préstamo a nadie, aunque tenga mal crédito; lo único que al banco se le permite es cobrarle el interés en base al crédito; mientras mejor es el crédito de la persona más bajo paga el interés; mientras más malo el crédito más elevado el pago de interés. Es desde esta enmienda, que usted ve que con crédito o sin crédito puede cualquiera comprar. ¿Qué hizo esto? Abrir las puertas para todo tipo de trampas y de fraudes a las que mucha gente se está enfrentando hoy. Esta enmienda creó muchos compradores y al haber muchos compradores, las propiedades por supuesto se fueron a las nubes. También creó muchos compradores en todo tipo de negocios. Conozco un señor que tiene una ferretería, y este señor me dijo que durante la administración del presidente Clinton, después de haber enmendado la ley, han sido los años que más negocio él ha hecho en toda su historia. Él lleva muchos años en este negocio, y explica que ni antes ni después había vendido tanto a gente que usaban tarjetas de crédito como en esos años. En mi caso mi casa tenía el valor de

$212,000 mil dólares cuando la compramos en el año 2002, en los años 2005 y 2006 debido a que tantos compradores las casas en esta comunidad se estaban vendiendo en cuestión de días entre $450,000 mil dólares y $500,000 mil dólares. Ahora que se acabaron los compradores han bajado a $210,000 mil dólares, y ni así se venden. Estas realidades jamás van a ser reportadas por la prensa liberal. Informan que las propiedades han perdido el valor del precio, pero no informan las verdaderas razones. Por supuesto, como ya he mencionado, nada que perjudique a los demócratas lo van a reportar. El error de la administración del Presidente Bush y del Congreso fue de no ponerle un pare a lo que ya venía sucediendo. Por supuesto que el dinero que estaban prestando los bancos, estaba en riesgo, ya que se lo estaban prestando a un sinnúmero de gente irresponsable que estaban siendo cualificados por compañías que también se aprovecharon, y en base de información fraudulenta los cualifican, y llegaría el momento que no podrían pagarlo. También debo aclarar que el presidente Bush intentó ponerle un pare a lo ya mencionado, pero el señor congresista del partido demócrata del estado de Massachusetts Barney Frank, quien estaba de líder del Affordable Housing, ya había impuesto regulaciones a los bancos durante la administración del presidente Clinton, obligando a los bancos a subir las cualificaciones para cualificar a los prestamistas, de 30% a 50% a los préstamos. Para sumarle al problema, los propietarios que tenían sus casas se aprovecharon del llamado Equity y cogieron préstamos basados en los nuevos valores. Al bajar de nuevo las propiedades, ya que los muchos compradores creados por la nueva enmienda se terminaron, han optado por entregar las propiedades. Para muchos de estos prestamistas, ahora le es fácil entregar las propiedades, puesto que muchos de ellos ya disfrutaron esos préstamos en diferentes maneras. Por ejemplo; fui a que me hicieran un trabajo de frenos a mi auto, y mientras esperaba, había un Señor sosteniendo una conversación con otro, y le decía; compre una casa que me costó $160,000 dólares, subió de valor a más de 260,000, con ese Equity me dieron un préstamo de 100, 000 dólares, ahora la casa volvió y bajó de valor a los 160,000; con los 100 mil compre una pick up que me costó 60 mil; se refería a una pick up de doble llanta atrás que le estaba poniendo llantas nuevas, porque según lo que decía, iba a entregar la casa y se iba para México. En forma de burla dijo, ya estoy disfrutando mi dinero, que se quede el banco con la casa. Ahora al no haber ya compradores, las propiedades se vinieron abajo. No hay que ser un experto para saber que mientras menos compradores hay, menos valen las propiedades. Estas son las informaciones que no van a dar los medios de prensa liberales, ya que no es de su conveniencia informar por lo ya antes mencionado; pero esta fue la gran realidad.

Yo he escuchado a gente relacionar el problema de la caída del mercado con la guerra de Iraq. El problema de la caída del mercado no tiene nada que ver con la guerra de Iraq, sino más bien con el mercado de finanzas del sector privado, compañías, inversionistas y de la movida de compras y ventas. La guerra de Iraq es en parte la responsable del déficit del país. El déficit tiene que ver con el dinero de los contribuyentes o pagadores de impuestos. También tiene que ver en gran manera con el despilfarro, o mal gastos del gobierno. Esta falta de conocimiento son las que llevan a muchas personas a tener malas ideas y conceptos de otras personas, como por ejemplo el presidente Bush. La verdad es que otros han hecho leyes que han contribuido a todos estos problemas serios que hemos confrontado; sin embargo, lo único que se oye es que el presidente Bush es el único responsable de todo este desastre. Por supuesto pura política de parte de políticos y sus aliados la prensa liberal.

La guerra de Irak

Debo informarles que el ex-presidente Bill Clinton dijo textualmente en el año 1998, que Iraq tenía armas de destrucción, y que Sedan Husein representaba un peligro no solo para esa región, también lo era para todo el mundo. Fue aún más allá diciendo que tarde que temprano había que sacarlo del poder. Más tarde por el año 2000, su esposa la Senadora Hillary Clinton expresó lo mismo, al igual que lo expresaron, el Senador John Karry, Jonh Eduard, y muchos otros más del partido Demócrata. Más tarde cuando tuvieron que enfrentar los hechos de la guerra, lo que informaron fue que el presidente Bush les había mentido para ir a la guerra. Esto para mí son excusas de niños pequeños, que solo se las creen la gente ignorante. Aunque yo tengo bien claro que lo hicieron por conveniencia política.

Los que no conocen la palabra de Dios se enredan con facilidad con las opiniones y la información ofrecida por los medios de Prensa liberales; su único objetivo es crear noticias para saciar su propio ego; favorecer sus predilectos los demócratas, y hacer dinero; y por supuesto que también se han convertido en una escuela de adoctrinar a sus televidentes a la ideología liberal. Hay una razón muy poderosa que explica los siguientes acontecimientos: Cuando el Presidente George W. Bush ganó las elecciones en su primer término, los Demócratas no podían aceptar la derrota, fueron a los Tribunales, y hasta apelaron a la Corte Suprema buscando que la corte les diera la victoria a ellos. A pesar de todo lo que hicieron, no lograron su objetivo. En su segundo término de acuerdo con la prensa, en las encuestas jamás tenía chance de ganar esas elecciones; por todos los problemas con la guerra de Iraq, su popularidad indicaba una derrota segura; ni el mismo partido Republicano creía que podía ganar su segundo término; Sin embargo, podríamos decir que milagrosamente ganó las elecciones. Sin el conocimiento de la palabra de Dios, no podemos entender estas cosas. Los mismos cristianos a todo nivel, tanto laicos como oficiales, y aún Pastores, predican una cosa, pero viven otra. Ejemplo: Predicamos que, sin el permiso de Dios, no se mueve ni una hoja de un árbol; predicamos que Dios es el que permite todas las cosas, que Dios es el que pone y quita gobiernos; y efectivamente, dice la palabra de Dios en Romanos 13:1, *Que no hay autoridad sino de parte de Dios y que las que hay por Dios han sido establecidas.* Para poder entender la guerra de Iraq y las cosas que vendrán, hay que conocer la palabra de Dios. Cuando leemos la palabra de Dios, encontramos que para Israel llegar a la tierra prometida tuvo que pelear algunas guerras que autorizo el mismo Dios. En 1 Crónicas 19-18; los sirios sostuvieron una guerra con Israel, y David mató a 40 mil Sirios junto con su General. Hoy día la gente está escandalizada porque murieron 4,000 soldados en la guerra de Iraq; y no quiero ser mal interpretado, nadie quiere incluyéndome yo, ver gente morir; pero desde el principio del mundo, para poder subsistir siempre se ha logrado únicamente por medio de las guerras. La ambición de muchos gobiernos y de algunas organizaciones siempre ha sido de dominar a todo el mundo, y establecerse en el poder. En el año 1941 Japón atacó a Estados Unidos, sin este país haberlos provocado; y como resultado hubo una guerra donde murieron cientos de miles de personas; y en aquellos tiempos nadie en este país se andaba quejando como lo hacen ahora. En el libro de Daniel capítulo 8: 1-12. Vemos que Dios le da una visión a Daniel estando él frente al río Ulai. Dice Daniel que alzó sus ojos y vio que un carnero se levantó y hacía como él quería; hería con sus cuernos al poniente, al norte y al sur y que nadie se podía parar frente a este carnero por el poder que tenía. Este carnero me recuerda al el ex-dictador de Iraq, Saddam Husein, ya que eso era lo que exactamente él venía asiendo. También da la casualidad de que esta visión dada a Daniel fue en la misma área geográfica, ya que este rió mencionado aquí, está precisamente en Iraq, que en el antiguo testamento de la biblia se llamaba Babilonia. No digo que se refería a él, pero sí tiene sus mismas características, posiblemente Dios permitió que se repitiera la historia. Dice Daniel que cuando él consideraba esto, un macho cabrío venía del lado del poniente sobre la faz de toda la tierra. Lo que me llama la atención es que venía por sobre toda la faz de la tierra sin tocar tierra; o sea que se pudiera decir que venían por el aire, y por el aire solo trafican los aviones. El macho cabrío me recuerda al Presidente George W. Bush; que tampoco digo que se refería a él. Pero cuando analizamos lo que sucedió en Iraq y esta visión, los personajes y acontecimientos son exactos. Les recuerdo que los aviones no fueron inventados hasta después de los años 1930; y si no había aviones menos había pilotos: En Apocalipsis 18:17 nos menciona, que en los acontecimientos que estaban tomando lugar ya había pilotos, y estos si tienen que ver con la visión dada a Daniel. Este macho cabrío le quitó el poder al carnero, y lo tiró en tierra, y no hubo quien librara al carnero de su poder. También esto fue lo que exactamente le sucedió a él carnero de Sadam Husein; el macho cabrío lo derrotó, y fue de una cueva en tierra que lo sacó. Otra cosa que no puedo entender es la falta de humanidad en que vive la gente hoy día. Como dije antes, los opositores a la guerra en su mayoría odian al presidente Bush por su decisión con la guerra de Iraq, sin embargo, para el pueblo Iraquí, es un ídolo que hasta un monumento le han construido; especialmente las mujeres, que las libertó de la sumisión y el abuso en que estaban siendo sometidas. Para los que no conocen les voy a informar lo siguiente. En un canal de la televisión americana, el Discovery Channel, presentaron a un periodista que se coló en Iraq como uno que estaba buscando y estudiando asuntos arqueológicos; pero lo que hizo fue investigar y tomar película de los miles y miles de iraquíes, incluyendo niños que fueron muertos y mutilados con los llamados armamentos nucleares, o químicos a manos del Dictador Sedan Hussein. Encontraron tumbas comunes con miles de muertos, y gente encarcelada en cárceles subterráneas muriendo del hambre, y gritando por justicia. Tal vez dirán: ¿Qué tiene que ver esto con la decisión de irse a la guerra? Eso lo sabe únicamente Dios, que es el conocedor de todas las cosas. Dice el Salmo 148-8, que aún el viento de tempestad ejecuta su palabra. En este mismo Iraq, fue que el rey Nabucodonosor se reveló contra Dios, y se hizo el grande en poderío, por lo que Dios usó a Daniel para informarle, que sería castigado por Él, quitándole el reinado y el poder; y lo llevó a comer hierba como los bueyes del campo. Por eso creo que no deben dejarse enredar por los medios de prensa como ya lo he informado. Satanás usa cualquier medio necesario para tener a la gente entretenida y engañada. Los medios de prensa y la Internet están siendo medios muy poderosos que el diablo está usando, para engañar y dañar a los mismos cristianos. Los medios de prensa en este país son casi todos unos liberales que están en contra de todo principio cristiano, y únicamente favorecen a los que piensen como ellos. Los iraquíes vivían bajo un régimen criminal que hacía con su pueblo como a él le parecía, cometiendo todo tipo de crímenes y abusos. Es fácil para nosotros opinar e irnos a la cama con nuestro estómago lleno, poder vivir sin esos temores y bajo esa opresión de un dictador de esa magnitud. Pero como ya mencioné Dios es el único que sabe hasta cuándo El permite las injusticias y los abusos, y a quienes les permite o usa para que se cumpla su voluntad. Y en este caso sí creo que usó al presidente George W Bush, para liberar a este pueblo que vivía bajo tal opresión. Otra cosa que no puedo entender es la falta de humanidad en que vive la gente hoy día. Como dije antes, los opositores a la guerra en su mayoría odian al presidente Bush por su decisión con la guerra de Iraq, sin embargo, para el pueblo Iraquí es un ídolo, especialmente para las mujeres que las liberó de la sumisión y el abuso al que estaban siendo sometidas.

La opresión del pueblo de Cuba

Lo mismo que sucedió con Irak, también puede ocurrir con el pueblo cubano que solo está a 90 millas de nuestra costa, y hay un régimen que comete los mismos abusos y atropellos, y tiene a los cubanos sumergidos en el hambre y la miseria, mientras nadie que tiene el poder se digna siquiera en levantar una voz de protesta. Por el contrario, congresistas como mi propio compatriota Serrano, el Señor Rangel y otros más del partido Demócrata, al igual que muchos ciudadanos incluyendo cristianos, piensan que el presidente Bush es un ser despreciable para ellos, pero los hermanos Castro son un dúo de buenas personas. El tiempo será el testigo, aunque se tome muchos años en darle la razón al Ex- Presidente Bush, de que hizo lo correcto sacando a ese dictador asesino, que ya no podrá seguir aterrorizando más gente, ni amenazando al mundo, especialmente a los Israelíes. Por supuesto cuando nos llenamos la boca opinando se nos olvidan estas cosas tan importantes. Cuando nos vamos a la palabra de Dios encontramos cómo Dios por medio de las guerras quitó y puso gobiernos, todos por haber hecho lo malo ante Sus ojos. Por el otro lado mi honesto consejo al pueblo cubano es, que le pidan unidos a Dios y no a la virgen ni a los santos. Creo con todo mi respeto, ya que estas verdades les pueden traer buenos resultados, que ninguna estatua, ni ningún santo los puede escuchar, la idolatría es abominación a Dios. El cuarto mandamiento

Éxodo 20:4-5, (*No te harás imagen, ni ninguna semejanza de lo que está arriba en el cielo, ni abajo en la tierra, ni en las aguas debajo de la tierra. No te inclinarás a ellas, ni las honrarás; porque yo soy Jehová tu Dios, fuerte, celoso, que visito la maldad de los padres sobre los hijos hasta la tercera y cuarta generación de los que me aborrecen. Levíticos 26:1, No haréis para vosotros ídolos, ni escultura, ni os levantareis estatua, ni pondréis en vuestra tierra piedra pintada para inclinaros a ella; porque yo soy Jehová vuestro Dios.*)

Esto lo menciono ya que, aunque no todos los cubanos son idólatras creo que existe un gran número de cubanos que dependen de los santos hechos de mano mencionados. Elizabeth la madre de Juan el bautista, en el libro de San Lucas capitulo 1:42, refiriéndose a la virgen María dijo: Bendita tú eres entre todas las mujeres, y bendito el fruto de tu vientre: el verso 48 dice la llamarán bienaventurada todas las generaciones. Ser la mujer que Dios escogió para traer al mundo nada más y nada menos que al Salvador del mundo, al hijo de Dios, es para ser bienaventurada por todas las generaciones. Entendiéndose que era una virgen doncella y pura cuando Dios la escogió. María después se desposó con José y tuvo más hijos, de acuerdo con los relatos que se encuentran claros en los evangelios del nuevo testamento. En el mismo libro capítulo 2 verso 48, es una evidencia de cuando María le dijo a Jesús después de andarlo buscando; tu padre y yo; refiriéndose a José; te hemos buscado con angustia.

Hechos 1: 14, *Todos estos perseveraban unánimes en oración y ruego, con las mujeres, y con María la madre de Jesús, y sus hermanos.*

Para mí siempre será bienaventurada, pero nada más; ella al igual que todos los humanos mueren. La Biblia en ningún lugar, ni dice ni sugiere que sea adorada; y al igual que todos los que mueren, ya no nos puede escuchar. Que esté en gloria con Dios no tengo dudas, pero el libro de Eclesiastés 9:5-6 dice:

> *Porque los que viven saben que han de morir; pero los muertos nada saben, ni tienen más paga; porque su memoria es puesta en olvido. También su amor y su odio y su envidia fenecieron ya; y nunca más tendrán parte en todo lo que se hace debajo del sol.*

Es por esto por lo que ningún santo, ni nadie después de muertos nos pueden escuchar. Hay gente que asegura que se comunican con muertos, y es posible que escuchen voces o vean cosas; pero esto es el producto de otras cosas que tienen que ver con influencias satánicas, o en otros casos psicológicos. La idolatría es pecado y abominación a Jehová; por lo que Dios no escucha las oraciones de los idólatras. No se puede generalizar ya que hay quienes ciertamente oran y son escuchados. Mi información es que Dios no escucha a todo el mundo como muchos creen. Estoy claro que en su palabra encontramos sus amonestaciones a orar sin cesar, que se hagan oraciones y súplicas, orar por los enfermos, y mucha palabra la que nos exhorta a orar. También encontramos mucha palabra donde Dios no escucha las oraciones de los desobedientes. El mismo David en el

> **Salmo 66-18,** *Si en mi corazón hubiese yo mirado a la iniquidad El Señor no me habría escuchado.* **Proverbios 15-29,** *Jehová está lejos de los impíos; pero oye la oración de los justos.* **Proverbios 28- 9,** *El que aparta su oído para no oír la ley, su oración también es abominable. 1 Pedro 3-12: Porque los ojos del Señor están sobre los justos y sus*

129

oídos atentos a sus oraciones; Pero el rostro del Señor está contra aquellos que hacen mal.

No estoy hablando de ser perfectos; Primera de Juan 1-8,

Si decimos que no tenemos pecado, nos engañamos a nosotros mismos: 10; Si decimos que no hemos pecado, le hacemos a Él mentiroso, y su palabra no está en nosotros.

Una cosa es pecar involuntariamente, y otra es la práctica de pecados. Esto está claro en 1 Juan 3-8,

El que practica el pecado es del diablo.

Pero hay que vivir verdaderamente apartado para Dios, si queremos que Dios escuche y conteste nuestras oraciones. Por ejemplo, el que maltrata o aun no trata bien a su mujer, sus oraciones no son oídas. 1 Pedro 3-7,

Vosotros, maridos, igualmente, vivid con ellas sabiamente, dando honor a la mujer como a vaso más frágil, y como a coherederas de la gracia de la vida, para que vuestras oraciones no tengan estorbo.

Imaginémonos lo siguiente, estamos de mentirosos, calumniando, maldicientes, practicando el pecado en muchas maneras, para luego presentarnos ante El Santísimo Dios a hablar con Él. Como sabemos no cualquiera se puede presentar a hablar con la reina Isabel; y a los que le permiten hablar con ella, tienen que aprender ciertos modales incluyendo su propia familia. Si eso es la reina Isabel, imagínate cuanta limpieza y buen comportamiento espiritual hay que tener para presentarnos ante el Rey de Reyes y Señor de Señores para hablar con Él. Es imposible pedirle a Dios por medio de santos ya que de acuerdo con su palabra es abominación a Dios; jamás Dios escucha esas oraciones. Es la razón por lo que mucha gente tiene necesidades, le piden a Dios por ellas y no reciben respuesta. Para que Dios nos escuche hay un precio que pagar, que se llama obediencia. Por esto es que en Juan 15:7; dice,

Si permanecéis en mí, y mis palabras permanecen en vosotros, pedid todo lo que queréis, y os será hecho.

¿Serán escuchadas nuestras oraciones? Y esto es únicamente en referencia a pedir por nuestras necesidades y enfermedades; porque para cosas mayores, como tener autoridad para reprender las fuerzas malignas, hay que todavía tener una consagración y limpieza en oración y ayuno con el Señor mucho más profunda. Lo encontramos claro en Marcos 9, cuando los discípulos mismos no pudieron reprenderle los espíritus malos a un niño y cuando le preguntaron a Jesús; Porqué le oramos y no pudimos reprenderlo y le contesta que Cristo da; este género no con nada puede salir, sino con oración y ayuno. Profundamente creo que el juego de religiosidad se está terminando. De la única manera que Dios nos escucha; cuando de corazón nos arrepentimos, le pedimos perdón, y obedecemos sus mandamientos. Tal vez nunca lo has oído pero la constante desobediencia es una práctica de pecado por lo que viene la ira de Dios. Colosenses 3: 5-10,

Haced morir, pues, lo terrenal en vosotros: fornicación, impureza, pasiones desordenadas, malos deseos y avaricia, que es idolatría, cosas por las cuales la ira de Dios viene sobre los hijos de desobediencia, en las cuales vosotros también anduvisteis en otro tiempo cuando vivíais en ellas... Pero ahora dejad también vosotros todas estas cosas: ira, enojo, malicia, blasfemia, palabras deshonestas de vuestra boca. No mintáis los unos a los otros, habiéndoos despojado del viejo hombre con sus hechos, y revestido del nuevo, el cual conforme a la imagen del que lo creó se va renovando hasta el conocimiento pleno.

Esto no es una crítica; por el contrario, amo al pueblo cubano, y me gustaría de todo corazón verlo libre y feliz. Tengo toda la seguridad que, si de corazón dejan la idolatría y le piden con fe a Dios, serán escuchados, y Cuba será libre inmediatamente. San Mateo 9:18

De cierto os digo que todo lo que atéis en la tierra, será atado en el cielo, todo lo que desatéis en la tierra será desatado en el cielo. Otra vez os digo, que, si dos de vosotros se pusieren de acuerdo en la tierra acerca de cualquier cosa que pidieren, les será hecho por mí padre que está en los cielos.

Hay que orar creyendo y sin dudar; Jesús hablándole a los discípulos le dijo en San Mateo 21:21,

De cierto os digo, que, si tuvieres fe, y no dudares, no solo haréis esto de la higuera, sino que si a este monte dijereis: Quítate y échate en el mar, será hecho.

No hay que creer ni confiar ni en imágenes, ni en hombres, sino solo en Dios. Él sabe los medios y tiene el poder de hacer cualquier milagro; como el milagro de los iraquíes. El diablo tiembla a la presencia de Dios, los montes tiemblan a la presencia de Dios. ¿Que no temblarán los Castro y su camarilla cuando el todo poderoso los confronte? Por otro lado, yo me pregunto: ¿A dónde está el amor hacía el prójimo que nos enseña la palabra de Dios? Ya que el gobierno de hoy gobierna por la opinión pública, la gente debiera de alzar su voz y decirle al mundo, que en el siglo en que estamos no se puede tolerar tanta injusticia. Dice la palabra de Dios, para aquellos que dictan leyes injustas y abusan de la gente. Isaías 10: 1-4

¡Ay de los que dictan leyes injustas, y prescriben tiranía, para apartar del juicio a los pobres y para quitar el derecho a los afligidos de mi pueblo; para despojar a las viudas, ¡y robar a los huérfanos! ¿Y qué haréis en el día del castigo? ¿A quién escogeréis para que os ayude, cuando venga de lejos el asolamiento? ¿En dónde dejaréis vuestra gloria? Sin mí se inclinarán entre los presos y entre los muertos caerán. Ni con todo esto ha cesado su furor, sino que todavía su mano está extendida.

La guerra de los musulmanes contra la humanidad

La gente piensa que el 911 fue algo aislado que no va a volver a acontecer. Lo que voy a citar tal vez les sea sorprendente. En el Talk Show del Señor Schnittsh, en Fox News de 6.10 AM y de 3 a 6 PM, le hicieron la siguiente entrevista a un extremista Musulmán, que de acuerdo con la presentación que le fue hecha, él es uno de los maestros que enseñan el Corán, y es un experto en las creencias y doctrinas de esta religión. El Señor Schnittsh le hizo las siguientes preguntas: Explíquenos; ¿cómo es que los Musulmanes, tanto mujeres como hombres y aun niños, se ponen bombas por todo su cuerpo para ir y explotarse ellos mismos por tal de matar a otros? ¿Cómo es que ustedes, pudieron poner hombres a que desviaran los aviones que causaron la muerte a casi 3,000 vidas, y ellos sabiendo que morirían de igual manera? ¿Qué explicación usted puede tener, que justifique ver a los musulmanes en sus países, haciendo fiesta y una gran celebración, tanto adultos y niños, porque habían derribado las torres gemelas y habían matado a tanta gente? Las respuestas fueron las siguientes: (Y cito textualmente) Para usted poder entender las razones que justifican lo hecho, tiene que saber lo siguiente: Dios le dio a Abraham las leyes en que Él quería que la gente se rigiera y viviera. La gente no quiso seguir las leyes y vivir por ellas; entonces Dios quitó lo establecido y le dio nuevas leyes a

Moisés; son las que Moisés escribió en una piedra. Pasó mucho tiempo, y la gente tampoco obedeció ni siguió las leyes que Dios le dio a Moisés. Viendo Dios que la gente tampoco obedeció las leyes que Él le dio a Moisés, quitó esas leyes y le dio nuevas leyes al profeta Jesucristo. Después de 507 años de Dios haberle dado las nuevas leyes a Jesucristo, que son las leyes que aparecen en la Biblia, y son las leyes que practican los cristianos. Dios vio que tampoco obedecían las leyes de la Biblia. Quitó Dios las leyes de la Biblia, y le dio nuevas leyes al profeta Mahoma. El profeta Mahoma estuvo recibiendo las nuevas leyes, que son las leyes del Corán, y que son las que están vigentes, por un periodo de 23 años; ya que Dios no ha llamado a otro profeta, estas son las leyes del Corán por las que tenemos que regirnos. La Biblia y las leyes de Moisés ya caducaron y ahora vivimos bajo las leyes del Corán. Bajo las leyes del Corán, Ala, a quien ustedes le llaman Dios, les instruyó que toda la humanidad tenía que convertirse a musulmán después de un tiempo determinado que ya caducó. Todo el que no se convirtiera a musulmán, se convertía en un demonio o un diablo y que ellos tendrían que perseguirles hasta matarlos. De acuerdo a su explicación, todo musulmán que se sacrifica y da su vida para matar diablos y demonios que, según él, es lo que somos nosotros, es recibido en el cielo y va directamente a los brazos de Mahoma. Creo que ya debe saber cuáles son los motivos de sus celebraciones cuando hacen cualquier acto de terror para matar todo el que no sea musulmán.

Estas son las razones por la cual el presidente de Irán ha dicho que Israel tiene que ser barrido del mapa. Israel es el único país del Medio Oriente que no es musulmán. Esta es la razón por la cual los extremistas musulmanes, los consideran demonios o diablos que tienen que morir. Es por esto que el presidente de Irán insiste en crear los armamentos nucleares, porque de acuerdo a lo expresado por él, nadie lo puede persuadir de no construir esos armamentos. Él ha expresado que Alá, le dio órdenes de hacer desaparecer a Israel fuera del mapa. El mismo presidente de Irán ha dicho que nadie absolutamente nadie los puede persuadir a no construir los armamentos nucleares, porque ellos tienen que escuchar a Ala y no a ningún hombre. Sus razones son religiosas y no políticas. Es por esto por lo que todos estos musulmanes extremistas, le llaman a todo el terror y a los crímenes que vienen cometiendo, guerra santa. Los mismos musulmanes así lo declaran. Por esto es por lo que vemos que los atentados no son solo contra americanos. Es más peligroso aún ver que un gran número de políticos, han puesto sus intereses personales por encima de la seguridad de los ciudadanos, que en realidad fue por lo que fueron electos, como fue el caso del tratado que hicieron Obama y John Kerry con Irán. Está es otra razón por lo que creo en lo que enseña la biblia ya mencionado; el presidente Trump fue permitido por Dios no solo para que la capital de Israel volviera a Jerusalén, pero este tratado con Irán también tenía que ser eliminado. Por ahora Israel necesita la protección de los E.U. ya que es el país que Dios ha escogido para que lo proteja. Para los que no se han dado de cuenta, yo creo que no es una casualidad que lo que encontramos en el centro del nombre de JER (USA) LEM, es USA; Estados Unidos de América. Y creo personalmente que sacar las tropas del medio Oriente, va a traer un conflicto mucho peor. Cuando Israel se vea mucho menos protegido, antes que Irán los saque del mapa, ellos tendrán que actuar y el conflicto será peor. También sé que lo que Dios estableció será cumplido, y que estos acontecimientos tienen que tomar lugar. Siempre he dicho y sostengo, que el día que todos los acontecimientos toman lugar, serán los Demócratas los que estarán en el poder aquí en Estados Unidos, ya que la historia habla de sus hechos y posiciones, como, por ejemplo, la guerra de Iraq. Creo que ya ha llegado el tiempo del fin del que le habló el Arcángel Gabriel a Daniel. Quiero aclarar que los Estados Unidos de América no aparecen en el cuadro de los asuntos proféticos en relación con los acontecimientos finales. Más bien los que aparecen de acuerdo con los grandes teólogos, son Rusia y Roma en conjunto con el Vaticano y por supuesto algunos países del medio oriente; pero esto será en el tiempo final. Antes, habrá acontecimientos que darán lugar a que esto suceda. Me refiero a quiénes estarán en el poder en este país, que por ahora es la potencia mundial que controla el mundo, y serán los que permitirán a que estos acontecimientos tomen lugar. Lo que estoy seguro de acuerdo con la historia y a las posturas políticas de ambos partidos, que serán los demócratas los que permitirán estos acontecimientos. Por ejemplo, en los tiempos en que ya nos encontramos es más que visible ver como un preocupante número de ciudadanos han tomado dominio sobre el mismo gobierno destruyendo el país, quitándole el poder a la policía a los gobernantes, haciendo todo tipo de violaciones a las leyes, declarando partes de las ciudades como autónomas, y demandando que sea eliminada la policía; en lo que ya ciudades como Nueva York y otras dominadas por demócratas han honrado sus demandas. Les voy a dar pruebas indiscutibles que demuestran que los demócratas serán los responsables de la destrucción de Estados Unidos de América. En la historia de la humanidad desde el principio encontramos que muchos pueblos hicieron lo malo ante los ojos de Dios y como resultado fueron destruidos, quemados, como fue el caso de Sodoma y Gomorra. Otros pueblos fueron tragados por la tierra. Los siguientes son dos ejemplos de muchos:

Números 16:23-33, Entonces Jehová habló a Moisés, diciendo: Habla a la congregación, diciendo: Apartaos de en derredor de la tienda de Coré, Dathán, y Abiram. Y Moisés se levantó, y fue a Dathán y Abiram; y los ancianos de Israel fueron en pos de él. Y él habló a la congregación, diciendo: Apartaos ahora de las tiendas de estos impíos hombres, y no toquéis ninguna cosa suya, para que no perezcáis en todos sus pecados. Y apartándose de las tiendas de Coré, de Dathán, y de Abiram en derredor: y Dathán y Abiram salieron y se pusieron a las puertas de sus tiendas, con sus mujeres, y sus hijos, y sus chiquitos. Y dijo Moisés: En esto conoceréis que Jehová me ha enviado para que hiciese todas estas cosas: que no de mi corazón las hice. Si como mueren todos los hombres murieren éstos, o si fueren ellos visitados a la manera de todos los hombres, Jehová no me envió. Mas si Jehová hiciere una nueva cosa, y la tierra abriere su boca, y los tragare con todas sus cosas, y descendieren vivos al abismo, entonces conoceréis que estos hombres irritaron á Jehová. Y aconteció, que acabando él de hablar todas estas palabras, se rompió la tierra que estaba debajo de ellos: Y abrió la tierra su boca, y los tragó a ellos, y a sus casas, y a todos los hombres de Coré, y a toda su hacienda. Y ellos, con todo lo que tenían, descendieron vivos al abismo, y los cubrió la tierra, y perecieron de en medio de la congregación.

Levítico 16: 14-28, Empero si no me oyereis, ni hiciereis todos estos mis mandamientos, Y si abominareis mis decretos, y vuestra alma menospreciare mis derechos, no ejecutando todos mis mandamientos, é invalidando mi pacto; Yo también haré con vosotros esto: enviaré sobre vosotros terror, extenuación y calentura, que consuman los ojos y atormenten el alma: y sembraréis en balde vuestra simiente, porque vuestros enemigos la comerán: Y pondré mi ira sobre vosotros, y seréis heridos delante de vuestros enemigos; y los que os aborrecen se enseñorearán de vosotros, y huiréis sin que haya quien os persiga. Y si aun con estas cosas no me oyereis, yo tornaré a castigaros siete veces más por vuestros pecados. Y quebrantaré la soberbia de vuestra fortaleza, y tornaré vuestro cielo como hierro, y vuestra tierra como metal: Y vuestra fuerza se consumirá en vano; que vuestra tierra no dará su esquilmo, y los árboles de la tierra no darán su fruto. Y si anduviereis conmigo en oposición, y no me quisiereis oír, yo añadiré sobre vosotros siete veces más plagas según vuestros pecados. Enviaré también contra vosotros bestias fieras que os arrebaten los hijos, y destruyan vuestros animales, y os apoquen, y vuestros caminos sean desiertos. Y si con estas cosas no fuereis corregidos, sino que anduviereis conmigo en oposición, Yo también procederé con vosotros, en oposición y os heriré aún siete veces por vuestros pecados: Y traeré sobre vosotros espada vengadora, en vindicación del pacto; y os recogeréis á vuestras ciudades; más yo enviaré pestilencia entre vosotros, y seréis entregados en mano del enemigo. Cuando yo os quebrantare el arrimo del pan, cocerán diez mujeres vuestro pan en un horno, y os devolverán vuestro pan por peso; y comeréis, y no os hartaréis. Y si con esto no me oyereis, más procediereis conmigo en oposición, Yo procederé con vosotros en contra y con ira, y os castigaré aún siete veces por vuestros pecados.

No creo que haya que dar mucha explicación de todas las barbaridades y pecados que han venido cometiendo los demócratas en oposición a lo establecido por Dios. Desde hace unas cuantas décadas a nombre de la separación del estado y la iglesia han pisoteado los mandamientos Divinos. Todo comenzó en el año 1947 de la siguiente manera.

La separación del estado y la iglesia.

En el 1802 el presidente Thomas Jefferson, por unas intromisiones del gobierno federal contra de una iglesia Bautista en el estado de Connecticut, por medio de una carta le pidió al congreso que legislará una ley para que hubiera una separación entre el estado y la iglesia. Claramente su intención fue proteger la práctica de la religión y sus doctrinas que se encuentran claras en la enmienda que precisamente el congreso hizo en base a esta petición. Todo esto cambió cuando un juez liberal; Hugo Black, en el año 1947 interpretó que la intención del presidente Jefferson fue de poner una pared entre el gobierno y la iglesia. Esta interpretación que hasta este día está en discusión, ha sido la base de los liberales demócratas para haber hecho las demandas mencionadas, y todas las otras demandas que han hecho después de estas demandas. Por ejemplo, han hecho muchas demandas las cuales todas han sido otorgadas, como remover cruces de lugares, aun pinturas de cuadros, prohibir árboles de navidad en establecimientos y propiedades del gobierno, incluyendo el decir Mary Christmas, y aun los mandatos a las instituciones religiosas de proveerles las pastillas de anticonceptivos a las mujeres que aparecen en la ley de Obama Care. Desde este año 1947 en este país los liberales vienen luchando porque se quite todo principio cristiano. En el año 1962, la Señora liberal y atea natural del estado de Texas, Madalyn Murray O'Hair recogió miles de firmas, y luego fue a los tribunales demandando que se quitaran las

Biblias y las oraciones de las escuelas públicas; la corte compuesta de jueces liberales en su mayoría, votaron 6 a 1 a favor de la petición de la Señora O'Hair.

En otra demanda en Enero del 2005 por la señora Kay Stanley, una abogada que también trabajaba en bienes y raíces, demandó en Houston Texas, que la Biblia fuera removida de la corte en el condado Harris de dicho estado. La corte compuesta por un juez liberal otorgó su petición y ordenó que la Biblia fuera removida. En una apelación a esta demanda por oficiales locales, la corte de Circuito de los Estados Unidos en la Ciudad de New Orleans Luisiana, con una mayoría de jueces liberales, en Agosto 25 del mismo año, sostuvo esa decisión con votación de 8-1: Y como ya todos sabemos, ya no se juramenta poniendo la mano derecha ante la biblia. Hubo otras demandas como las familias de Hyde Park en el estado de New York, que hicieron una demanda similar a la de la Señora O'Hair en el año 1963; y otra demanda en el mismo año por el señor Ed Schempp en Philadelphia PA; la de este para que no se permitiera la lectura de la Biblia en las escuelas. Organizaciones como las ya mencionadas que ponen estas demandas, si estas demandas llegan a la corte superior, y la corte superior falla a favor de estas demandas, aunque sean locales o estatales, se convierten en leyes nacionales que afectan a todos los estados. Este fue el caso de las dos últimas demandas mencionadas, ya que la corte suprema unió las dos demandas votando 6-1 a favor de los demandantes, convirtiendo la ley en una ley Nacional. Por esto es que usted ve que en todos los juicios los abogados los fiscales y los jueces, usan otras decisiones tomadas por los tribunales, como guías para tomar sus decisiones.

Los liberales han logrado quitar las oraciones de las escuelas, y es prohibido hablar de la palabra de Dios, ni aún en los pasillos. Lo que sí es permitido es enseñar sexo desde una temprana edad. La Biblia no es permitida, pero sí es permitido darles pastillas anticonceptivas a las jóvenes para que puedan tener sexo libremente y no queden embarazadas. Ya hay escuelas que han aprobado que a un padre no haya que informarle que, a su hija menor de edad, se le está dando estas patillas. Aún peor, ya hemos llegado al grado que tampoco hay que informarle que su hija menor va a tener un aborto. Los liberales seguirán luchando contra todo principio cristiano. Todo el mundo sabe, que el Partido Demócrata es el que aprueba todos estos ideales. Son ellos los que aprobaron el que todas estas cosas se estén llevando a cabo, los que quitaron las Biblia de la corte, y ahora quieren quitar entre otras cosas, "In God we Trust" de la moneda. Durante muchos años los liberales habían tratado de legalizar los abortos, y leyes para autorizarlos; lo que han logrado de hacer cada vez que han tenido el dominio en el congreso y el senado. Lo siguiente es la cotización de la historia de los abortos.

Historia del aborto en Estados Unidos

(Cotización)Antes de la Independencia de los Estados Unidos apenas existían leyes sobre el aborto inducido y su penalización aplicándose el derecho anglosajón (*common law*) que, básicamente establecía que el aborto era aceptable y legal si se producía con anterioridad a que la madre sintiera el feto (*quickening*). Después de la Independencia aparecieron distintas leyes en la década de 1820: 1821 en Connecticut legislando sobre el suministro de abortivos a los farmacéuticos; en Nueva York penalizando la práctica del aborto inducido.

Muchas de las primeras feministas, entre ellas Susan B. Anthony y Elizabeth Cady Stanton se posicionaron en contra del aborto ya que lo consideraban la culminación de una serie de agresiones a la mujer y a su falta de independencia real, que para ellas había que corregir. Entonces una mujer debía poder rechazar las relaciones sexuales con su marido -de las que se derivaba el embarazo no deseado y el aborto-; no había ley que protegiera a la mujer de violación del marido y las mujeres de escasos recursos se encontraban sin la menor independencia para el divorcio y el rechazo de las relaciones sexuales. Legalizar el aborto era para algunas de las primeras feministas resolver un problema sin modificar su causa.[345]

Durante la década de 1860 aumentó la legislación penalizando y criminalizando el aborto; en 1900 el aborto era ilegal en numerosos estados aunque algunos incluían supuestos que permitían el aborto en circunstancias limitadas, por lo general para proteger la vida de la mujer o los embarazos por violación o incesto. A pesar de la penalización el aborto continuó durante el siglo XX, haciéndose su práctica muy insegura al considerarse ilegal. En numerosos casos la vida de la mujer corría peligro llevándose a su muerte, como en el caso de Gerri Santoro de Connecticut en 1964.[6]

Antes de la sentencia caso Roe contra Wade había excepciones a la prohibición del aborto en al menos 10 estados -por violación, peligro para la madre e incesto-.

Aprobación de los métodos anticonceptivos

(Gracias a Dios el presidente Trump los llevo a la corte superior y fallaron a su favor eliminando el que los ciudadanos paguen impuestos para que le den anticonceptivos y condones a la gente para que hagan sexo libre a cuenta de los que pagamos impuestos.)

Artículo principal: Caso Griswold contra Connecticut

En 1965, la decisión, por 7 votos a favor y 2 en contra, de la Corte Suprema de Estados Unidos en el Caso Griswold contra Connecticut, sentenció que la Constitución de los Estados Unidos protegía el derecho a la privacidad (*Privacy laws of the United States*) y por tanto declaró inválidas las leyes de los diferentes estados que violan el *derecho a la privacidad marital* que garantiza el acceso y la administración de anticonceptivos.[7]

En 1965 el *Colegio estadounidense de obstetras y ginecólogos* (ACOG-American Congress of Obstetricians and Gynecologists) asumió la posición defendida por Bent Boving en 1959 quien consideraba que la concepción comenzaba en la implantación del embrión y no cuando se producía la fecundación. Este informe médico cambió la categoría de algunos de los métodos anticonceptivos que hasta entonces habían sido considerados métodos abortivos cuando actuaban antes de la implantación del embrión en el útero.[89] En 2015 el 58% de los estadounidenses apoyaban el aborto, donde alcanzó su nivel más alto en los últimos dos años, según una encuesta de The Associated Press que muestra un aparente aumento de apoyo entre demócratas y republicanos por igual durante el último año.[10]

Caso Roe contra Wade 1970-1973.

Artículo principal: Caso Roe contra Wade

En 1970, las abogadas Linda Coffee y Sarah Weddington, presentaron una demanda en Texas representando a Norma L. Mc Corvey ("*Jane Roe*") reclamando el derecho al aborto inducido por violación. Aunque el Fiscal de distrito del Condado de Dallas, Texas, Henry Wade -quien representaba al Estado de Texas- se oponía al aborto, finalmente el Tribunal del distrito falló a favor de Jane Roe, pero sin establecer cambios en la legislación sobre el aborto inducido de Estados Unidos.[111]

"Jane Roe" dio a luz a su hija -a quien dio en adopción- mientras el caso aún no se había decidido.

Decimocuarta enmienda; derecho a la privacidad como derecho fundamental.

Artículo principal: Decimocuarta Enmienda a la Constitución de los Estados Unidos

El caso fue apelado en reiteradas ocasiones hasta llegar a la Corte Suprema de Justicia de los EE. UU. que, finalmente, en su resolución de 22 de enero de 1973, estableció que la mujer tiene el derecho a la libre elección -entendida como "derecho a la privacidad o intimidad"- que protegería la decisión de llevar o no llevar un embarazo a término. Según la sentencia el derecho de privacidad se derivaba de la cláusula de *debido proceso* de la *Decimocuarta Enmienda a la Constitución de los Estados Unidos*.[112] La Corte clasificó este derecho como fundamental por lo que toda violación de ese derecho fundamental a la privacidad por parte del gobierno debería estar justificada.[13]

La resolución del caso *Roe v. Wade, 410 U.S. 113 (1973)* se considera histórica en materia de aborto inducido ya que, por su jerarquía, anuló las leyes que penalizaban el aborto en los distintos estados e impedía legislar en su contra ya que podía ser considerado como violación del *derecho constitucional a la privacidad* amparado en la *cláusula del debido proceso* de la *decimocuarta enmienda* de la Constitución de los Estados Unidos. La decisión obligó a modificar todas las leyes federales y estatales que proscribían o que restringían el aborto y que eran contrarias con la nueva decisión.[113]

Caso Doe contra Bolton - 1973.

Artículo principal: Caso Doe contra Bolton

Si el contenido esencial de la sentencia de la Corte Suprema del caso Roe contra Wade era que *el aborto debe ser permitido a la mujer, por cualquier razón, hasta el momento en que el feto se transforme en* viable, *es decir, sea potencialmente capaz de vivir fuera del útero materno, sin ayuda artificial, la sentencia del caso Doe contra Bolton publicada el mismo 22 de enero de 1973, estableció que el aborto inducido debe ser legal cuando sea necesario para proteger la salud de la mujer .)*

Desde el comienzo de abortos en 1973 han ejecutado cerca de 60 millones de bebes. La pregunta que hago es la siguiente; ¿De verdad creen ustedes en base a todo lo informado, y lo que voy a seguir informando, que Dios no va a traer castigos sobre una humanidad tan criminal y rebelde? Espiritualmente, sin duda alguna estamos muy pero que muy mal, y no hablo de ser religiosos, hablo de que como seres humanos tenemos que tener un comportamiento totalmente razonar y diferente.

Las advertencias por el pecado

Los demócratas en mi forma de ver están mal en casi todos los aspectos, tanto en la política como en todas decisiones que toman. Es indiscutible el mal comportamiento tanto de muchos legisladores como de la grande mayoría de la gente; como ha sido informado ya en el 2015, el 58 por ciento de los estadounidenses aprobaban el aborto; hoy día es seguro que ese porciento es mucho mayor; al igual que los casamientos del mismo sexo. Creo que, aunque para muchos la siguiente información es tal vez fanatismo o anticuado, es necesario dar las advertencias que el mismo Dios nos dio. Si de verdad creemos en Dios y lo que nos enseña la biblia, hay que ponerle atención a la siguiente información. Una de las advertencias que nuestro mismo Señor nos dejó en su palabra en Mateo 24, y Lucas 21, fue que en los tiempos del fin en que ya estamos, por la maldad y la desobediencia pestes como el COVI 19 estarían aconteciendo. Cuando Dios le dio la revelación a Daniel, en el capítulo 12 termina diciéndole,

> *Pero tú, Daniel, cierra las palabras y sella el libro hasta el tiempo del fin. Muchos correrán de aquí para allá, y la ciencia aumentará. Muchos serán limpios, y emblanquecidos y purificados; los impíos procederán impíamente, (indicativo de desenfreno total) y ninguno de los impíos entenderá, pero los entendidos comprenderán.*

Hay muchos que no creen que el pecado y la maldad traigan castigos de parte de Dios, pero eso no es lo que enseña la biblia. El Dios del antiguo testamento es el mismo del nuevo y del que cita el Apocalipsis, donde narra los castigos que ha de traer por el pecado. Aunque hay hasta cristianos que creen que por el hecho que estamos viviendo en la dispensación de la gracia, Dios no va a traer castigos, es una gran equivocación. Los castigos por el pecado comienzan en esta dispensación y terminan con los juicios del Apocalipsis. Cuando la gente se pasa de los límites e insiste por rebeldía irritar a Dios siempre han recibido castigos de parte de Dios. Ejemplos; En el libro de Números capítulo 16:20-33, Y

Jehová habló a Moisés y á Aarón, diciendo: Apartaos de entre esta congregación, y los he de consumir en un momento. Y ellos se echaron sobre sus rostros, y dijeron: Dios, Dios de los espíritus de toda carne, ¿no es un hombre el que pecó? ¿y vas a airarte tú contra toda la congregación? Entonces Jehová habló a Moisés, diciendo: Habla a la congregación y diles: Apartaos de en derredor de la tienda de Coré, Dathán, y Abiram. Y Moisés se levantó, y fue a Dathán y Abiram; y los ancianos de Israel fueron en pos de él. Y él habló a la congregación diciendo: Apartaos ahora de las tiendas de estos impíos hombres, y no toquéis ninguna cosa suya, para que no perezcáis en todos sus pecados. Y se apartaron de las tiendas de Coré de Dathán, y de Abiram en derredor; y Dathán y Abiram salieron y se pusieron a las puertas de sus tiendas, con sus mujeres, sus hijos, y sus pequeños. Y dijo Moisés: En esto conoceréis que Jehová me ha enviado para que hiciese todas estas cosas: que no de mi corazón las hice. Si como mueren todos los hombres murieren éstos, o si fueren ellos visitados a la manera de todos los hombres, Jehová no me envió. Mas si Jehová hiciere una nueva cosa, y la tierra abriere su boca, y los tragare con todas sus cosas, y descendieren vivos al abismo, entonces conoceréis que estos hombres irritaron á Jehová. Y aconteció, que en acabando él de hablar todas estas palabras, se abrió la tierra que estaba debajo de ellos: Y abrió la tierra su boca, y se los tragó a ellos, a sus casas, a todos los hombres de Coré, y a toda su hacienda. Y ellos, con todo lo que tenían, descendieron vivos al abismo, los cubrió la tierra, y perecieron de en medio de la congregación.

Jeremías 7-25-28, Desde el día que vuestros padres salieron de la tierra de Egipto hasta hoy, Yo os envié a todos los profetas mis siervos, cada día madrugando y enviándolos: Mas no me oyeron ni inclinaron su oído; antes endurecieron su cerviz, e hicieron peor que sus padres. Tú pues les dirás todas estas palabras, más no te oirán; aun los llamarás, y no te responderán. Les dirás, por tanto: Esta es la gente que no escuchó la voz de Jehová su Dios, ni tomó corrección; perdió se la fe, y de la boca de ellos fue cortada.

Jeremías 8-4-8, Les dirás, asimismo: Así ha dicho Jehová: ¿El que cae, no se levanta? ¿El que se desvía, no torna á camino? ¿Por qué es este pueblo de Jerusalén rebelde con rebeldía perpetua? Abrazaron el engaño, no han querido volverse. Escuché y oí; no hablan derecho, no hay hombre que se arrepienta de su mal, diciendo: ¿Qué he hecho? Cada cual se volvió a su carrera, como caballo que arremete con ímpetu a la batalla. Aun la cigüeña en el cielo conoce su tiempo, y la tórtola y la grulla y la golondrina guardan el tiempo de su venida; ¿más mi pueblo no conoce el juicio de Jehová? ¿Cómo decís Nosotros somos sabios, y la ley de Jehová es con nosotros? Ciertamente, he aquí que en vano se cortó la pluma, por demás fueron los escribas.

Jeremías 8:12, ¿Se avergüenzan de estos actos repugnantes? De ninguna manera, ¡ni siquiera saben lo que es sonrojarse! Por lo tanto, estarán entre los caídos en la matanza; serán derribados cuando los castigue, dice el Señor.

9:1-11, ¡OH si mi cabeza se tornase aguas, y mis ojos fuentes de aguas, para que llore día y noche los muertos de la hija de mi pueblo! ¡Oh quién me diese en el desierto un mesón de caminantes, para que dejase mi pueblo, y de ellos me apartase! Porque todos ellos son adúlteros, congregación de prevaricadores. E hicieron que su lengua, como su arco, tirase mentira; y no se fortalecieron por verdad en la tierra: porque de mal en mal procedieron, y me han desconocido, dice Jehová. Guárdese cada uno de su compañero, ni en ningún hermano tenga confianza: porque todo hermano engaña con falacia, y todo compañero anda con falsedades. Y cada uno engaña a su compañero, y no hablan verdad: enseñaron su lengua a hablar mentira, se ocupan de hacer perversamente. Tu morada es en medio de engaño; de muy engañadores no quisieron conocerme, dice Jehová. Por tanto, así ha dicho Jehová de los ejércitos: He aquí que yo los fundiré, y los ensayaré; porque ¿cómo he de hacer por la hija de mi pueblo? Saeta afilada es la lengua de ellos; engaño habla; con su boca habla paz con su amigo, y dentro de sí pone sus asechanzas. ¿No los tengo de visitar sobre estas cosas? dice Jehová. ¿De tal gente no se vengará mi alma? Sobre los montes levantaré lloro y lamentación, y llanto sobre las moradas del desierto; porque desolados fueron hasta no quedar quien pase, ni oyeron bramido de ganado: desde las aves del cielo y hasta las bestias de la tierra se trasportaron, y se fueron. Y pondré a Jerusalén en montones, por moradas de culebras; y pondré las ciudades de Judá en asolamiento, que no quede morador.

Salmo 11:4-6, Jehová está en su santo templo; Jehová tiene en el cielo su trono; Sus ojos ven, sus párpados examinan a los hijos de los hombres... Jehová prueba al justo; Pero al malo y al que ama la violencia, su alma los aborrece. Sobre los malos hará llover calamidades; Fuego, azufre y viento abrasador será la porción del cáliz de ellos.

Proverbios 1:-24-26, Por cuanto llamé, y no quisisteis oír, Extendí mi mano, y no hubo quien atendiese. Sino que desechasteis todo consejo mío Y mi reprensión no quisisteis, También yo me reiré en vuestra calamidad, Y me burlaré cuando os viniere lo que teméis cuando viniere como una destrucción lo que teméis, Y vuestra calamidad llegare como un torbellino; Cuando sobre vosotros viniere tribulación y angustia... Entonces me llamarán, y no responderé; Me buscarán de mañana, y no me hallarán. Por cuanto aborrecieron la sabiduría, Y no escogieron el temor de Jehová Ni quisieron mi consejo, Y menospreciaron toda reprensión mía. Comerán del fruto de su camino, Y serán hastiados de sus propios consejos Porque el desvío de los ignorantes los matará, Y la prosperidad de los necios los echará a perder. Mas el que me oyere, habitará confiadamente Y vivirá tranquilo, sin temor del mal.

Creo que es importante la información que da la Biblia; primero porque es la palabra de Dios; segundo porque todo lo que informa la biblia se ha cumplido al pie y letra. También creo que es muy importante que la humanidad entienda que, por los acontecimientos y profecías, estamos ya viviendo en tiempo final en referencia al comienzo de una serie de eventos que nos van a llevar a las profecías del Apocalipsis. Lo que está sucediendo es solo principio de dolores. Todos hemos oído que vendrá un anticristo; es el gobierno que le fue revelado a Daniel 536 años AD, y el mismo que le fue revelado a Juan el Apocalipsis 95 años DC. El que conoce la teología y analiza los acontecimientos que están tomando lugar, sabe que el gobierno mencionado muy pronto tomará lugar.

El Orden Mundial

Todos conocemos que desde hace décadas han estado a nivel mundial tratando de establecer el orden mundial. El orden mundial está siendo respaldado y monetariamente sostenido no solo por la grande mayoría de líderes mundiales, sino también por compañías y los billonarios del mundo. Por ejemplo; la gente no le está prestando atención, ya que estamos viviendo en tiempos donde la gente tiene comezón de oír, como dice 2 Timoteo 4:3. Hay una organización a nivel mundial conocida como la pirámide Illuminati. (La palabra Illuminati es una palabra del latín que significa iluminado.) Esta organización viene en función desde el siglo 18. Su fundación fue en Alemania. Hoy día de acuerdo a la información está compuesta por los ricos más poderosos del mundo, por líderes políticos, y por las conocidas 13 familias de linaje real. Su objetivo es crear un gobierno mundial que gobierne a todos los países. También tienen el propósito de reducir dramáticamente la población mundial. Esta organización está en estos días muy bien organizada: Hay que también prestarles atención a los conocidos grupos de, El Consejo de los 3, consejo de los 5, consejo de los 7, consejo de los 9, consejo de los 13, consejo de los 33, El Grand Druid Council Comité de los 300, y el Comité de los 500. De la manera que ellos quieren gobernar al mundo es, crear un sistema de gobierno donde habrá un gobernante mundial, elegido por los miembros de estas organizaciones. Su plan es crear un sistema donde habrá solo una moneda. Crear un sistema mundial de fuerzas armadas. Crear un sistema de policía mundial. Su propósito es crear nuevas leyes mundialmente para todos los países y esforzar las leyes por medio de este sistema. De acuerdo con la información, la gente que se rehusé a cumplir las leyes que ellos establezcan, serán acusadas de rebelión y su castigo será de pena capital. La organización de Illuminati está teniendo el soporte de compañías multimillonarias a nivel mundial. Solo aquí en los Estados Unidos tienen más de 200 compañías. Están ase años infiltrados en las universidades a nivel mundial incluyendo a los Estados Unidos. Tienen Institutos y organizaciones trabajando directamente para ellos. Aún de acuerdo con ciertas informaciones tienen a los llamados progresistas; estos son los liberales del partido demócrata que se denominan progresistas infiltrados en el mismo gobierno aquí en Estados Unidos, trabajando para que este gobierno sea establecido. En mi opinión ya estos demócratas progresistas mencionados, ya han logrado reducir la populación aquí en Estados Unidos por más de 50 millones de habitantes, con la ley que legislaron otorgando el crimen de los abortos; de lo contrario ya fuéramos cerca de 400 millones de habitantes.

Este orden mundial, en esta administración del presidente Trump, les ha servido de tropiezo, ya que Trump se ha opuesto a este orden aun desde antes de haber sido electo a la presidencia; y digo que, por voluntad de Dios, ya que Dios es el que sabe cuándo lo va a permitir; y creo que son las razones del porque los demócratas desde la primera noche que fue electo han venido luchando a todo costo para sacarlo del poder. Pero creo que tan pronto sea establecido nombraran un líder, y ese líder será el anticristo que le revelaron a Daniel y Juan. Este gobernante es el que identifica la biblia de la siguiente manera. En el libro de Daniel, en el capítulo 8:23, nos presenta al anticristo como un príncipe que ha de venir; Daniel 9:26, como el desolador; el 9:27, como un hombre despreciable. 2nd Tesalonicenses, como el hijo de perdición "aquel inicuo". Apocalipsis 11: 7, como la bestia. De acuerdo con los teólogos y profesores en escatología, nos dicen que será Judío; geográficamente y surgirá de una nación gentil, posiblemente Siria o Grecia.

Yo considero, que ya todo esto que está organizado, no es otra cosa que el gobierno del anticristo. Como todos sabemos la Biblia nos enseña que el anticristo será el que gobierne al mundo. Durante su gobierno será que se va a usar una moneda. Será el Gobierno el que establecerá nuevas leyes. También será el gobierno que mundialmente controlará al mundo, tanto en lo político como el comercio y lo religioso: Y será el gobierno que matará a todo el que no se someta a sus leyes a nivel mundial. En nuestra misma cara ya hay organizaciones usando a un preocupante número de gente jóvenes que no tienen ni idea de lo que demandan, como por ejemplo la eliminación de la policía.

Lo que está sucediendo ya, lo considero el comienzo de las profecías de los últimos días dadas a Daniel en los capítulos del 7 al 12.

El gobierno del anticristo

Daniel 7: 1-8, En el primer año de Belsasar rey de Babilonia tuvo Daniel un sueño, y visiones en su cabeza mientras estaba en su lecho; luego escribió el sueño, y relató lo principal del asunto. Daniel dijo: Miraba yo en mi visión de noche, y he aquí que los cuatro vientos del cielo combatían en el gran mar. Y cuatro bestias grandes, diferentes la una de la otra, subían del mar. La primera era como león, y tenía alas de águila. Yo estaba mirando hasta que sus alas fueron arrancadas, y fue levantada del suelo y se puso enhiesta sobre los pies a manera de hombre, y le fue dado corazón de hombre. Y he aquí otra segunda bestia, semejante a un oso, la cual se alzaba de un costado más que del otro, y tenía en su boca tres costillas entre los dientes; y le fue dicho así: Levántate, devora mucha carne. (Más bien que mate a mucha gente). Después de esto miré, y he aquí otra, semejante a un leopardo, con cuatro alas de ave en sus espaldas; tenía también esta bestia cuatro cabezas; y le fue dado dominio. Después de esto miraba yo en las visiones de la noche, y he aquí la cuarta bestia, espantosa y terrible y en gran manera fuerte, la cual tenía unos dientes grandes de hierro; devoraba y desmenuzaba, y las sobras hollaba con sus pies, y era muy diferente de todas las bestias que vi antes de ella, y tenía diez cuernos.

Mientras yo contemplaba los cuernos, he aquí que otro cuerno pequeño salía entre ellos, y delante de él fueron arrancados tres cuernos de los primeros; y he aquí que este cuerno tenía ojos como de hombre, y una boca que hablaba grandes cosas.

En este mismo capítulo 7 de Daniel, del el verso 15 hasta al 28, describe quienes son estas bestias y que significa todo esto.

Se me turbó el espíritu a mí, Daniel, en medio de mi cuerpo, y las visiones de mi cabeza me asombraron. Me acerqué a uno de los que asistían, y le pregunté la verdad acerca de todo esto. Y me habló, y me hizo conocer la interpretación de las cosas. Estas cuatro grandes bestias son cuatro reyes que se levantarán en la tierra. Después recibirán el reino los santos del Altísimo, y poseerán el reino hasta el siglo, eternamente y para siempre. Entonces tuve deseo de saber la verdad acerca de la cuarta bestia, que era tan diferente de todas las otras, espantosa en gran manera, que tenía dientes de hierro y uñas de bronce, que devoraba y desmenuzaba, y las sobras hollaba con sus pies; asimismo acerca de los diez cuernos que tenía en su cabeza, y del otro que le había salido, delante del cual habían caído tres; y este mismo cuerno tenía ojos, y boca que hablaba grandes cosas, y parecía más grande que sus compañeros. Y veía yo que este cuerno hacía guerra contra los santos y los vencía, Hasta que vino el Anciano de días, y se dio el juicio a los santos, del Altísimo; y llegó el tiempo, y los santos recibieron el reino.

Dijo así: La cuarta bestia será un cuarto reino en la tierra, el cual será diferente de todos los otros reinos, y a toda la tierra devorará, trillará y despedazará. Y los diez cuernos significan que de aquel reino se levantarán diez reyes; y tras ellos se levantará otro, el cual será diferente de los primeros, y a tres reyes derribará. Y hablará palabras contra el Altísimo y a los santos del Altísimo quebrantará, y pasará en cambiar los tiempos y la ley; y serán entregados en su mano hasta tiempo, y tiempos y medio tiempo. (Este es el tiempo conocido como la gran tribulación). Pero se sentará el Juez, y le quitarán su dominio para que sea destruido y arruinado hasta el fin, y el reino y el dominio y la majestad de los reinos debajo de todo el cielo, sea dado al pueblo de los santos del Altísimo, cuyo reino es reino eterno, y todos los dominios le servirán y obedecerán. Aquí fue el fin de sus palabras. En cuanto a mí, Daniel, mis pensamientos me turbaron y mi rostro se demudó, pero guardé el asunto en mi corazón.

Esta es la misma visión que le fue dada a Juan en Apocalipsis 13:

Las dos bestias

1Me paré sobre la arena del mar, y vi subir del mar una bestia que tenía siete cabezas y diez cuernos; y en sus cuernos diez diademas; y sobre sus cabezas, un nombre blasfemo.2Y la bestia que vi era semejante a un leopardo, y sus pies como de oso, y su boca como boca de león. Y el dragón le dio su poder y su trono, y grande autoridad.3Vi una de sus cabezas como herida de muerte, pero su herida mortal fue sanada; y se maravilló toda la tierra en pos de la bestia,4y adoraron al dragón que había dado autoridad a la bestia, y adoraron a la bestia, diciendo: ¿Quién como la bestia, y quién podrá luchar contra ella?5También se le dio boca que hablaba grandes cosas y blasfemias; y se le dio autoridad para actuar cuarenta y dos meses.6Y abrió su boca en blasfemias contra Dios, para blasfemar de su nombre, de su tabernáculo, y de los que moran en el cielo.7Y se le permitió hacer guerra contra los santos, y vencerlos. También se le dio autoridad sobre toda tribu, pueblo, lengua y nación.8Y la adoraron todos los moradores de la tierra cuyos nombres no estaban escritos en el libro de la vida del Cordero que fue inmolado desde el principio del mundo.9Si alguno tiene oído, oiga.10Si alguno lleva en cautividad, va en cautividad; si alguno mata a espada, a espada debe ser muerto. Aquí está la paciencia y la fe de los santos.11Después vi otra bestia que subía de la tierra; y tenía dos cuernos semejantes a los de un cordero, pero hablaba como dragón.12Y ejerce toda la autoridad de la primera bestia en presencia de ella, y hace que la tierra y los moradores de ella adoren a la primera bestia, cuya herida mortal fue sanada.13También hace grandes señales, de tal manera que aun hace descender fuego del cielo a la tierra delante de los hombres. 14Y engaña a los moradores de la tierra con las señales que se le ha permitido hacer en presencia de la bestia, mandando a los moradores de la tierra que le hagan imagen a la bestia que tiene la herida de espada, y vivió.15Y se le permitió infundir aliento a la imagen de la bestia, para que la imagen hablase e hiciese matar a todo el que no la adorase.16Y hacía que a todos, pequeños y grandes, ricos y pobres, libres y esclavos, se les pusiese una marca en la mano derecha, o en la frente;17y que ninguno pudiese comprar ni vender, sino el que tuviese la marca o el nombre de la bestia, o el número de su nombre.18Aquí hay sabiduría. El que tiene entendimiento, cuente el número de la bestia, pues es número de hombre. Y su número es seiscientos sesenta y seis.

Los 10 cuernos que tenían 10 diademas significan una confederación de naciones que serán gobernadas por el gobierno del anticristo. Este irá más allá; será un dirigente político comercial y religioso, controlará el comercio y la economía mundial y que ninguno podrá ni vender ni comprar, sino el que tuviera la marca o el sello de la bestia como ya he mencionado.

En la visión Gabriel le dice a Daniel en Daniel. 8:17,

Entiende hijo de hombre, porque la visión es para el tiempo del fin. Daniel 12: 8 -9, "Y yo oí más no entendí. Y dije: Señor mío, ¿cuál será el fin de estas cosas? El respondió: Anda, Daniel, pues estas palabras están cerradas y selladas hasta el tiempo del fin.

En la profecía de Daniel 11, hay dos eventos; el primero se trata de las guerras de los reyes del norte y el sur, del verso 1 al 20. La segunda en referencia al anticristo que ha de venir; versos 21 al 45. Las guerras mencionadas del capítulo 1 al 20 ya tuvieron su cumplimiento. Los reyes del norte Grecia; los reyes del sur Siria, Egipto y Babilonia. En estas guerras profetizadas por Daniel también participó el poderoso rey Asuero; que reinó desde la India hasta Etiopía del 486 al 465 AC. Con todo su poderío sostuvo una guerra contra Grecia, pero Grecia lo derrotó. Estas guerras duraron hasta la toma del poder de Epifanes el rey que fue el tipo del anticristo, año 163 AC; en las que también estuvieron envueltos los romanos que ya se habían convertido en una potencia mundial, y por medio de una guerra conquistaron a Siria en año 63 AC; y también a Israel. Sin embargo, en cuanto a las guerras del norte y el sur en referencia al dominio oriental, ha habido un paréntesis de más de 2,200 años; pero la guerra del norte y el sur volverá a resurgir con la famosa guerra conocida del Armagedón. Esto será el cumplimiento de la segunda parte de esta profecía con el comienzo del anticristo del verso 21 al 45. Esta guerra será contra la tierra gloriosa Israel, Egipto y Siria, y posiblemente la confederación de países Árabes contra el país de los confines del norte, que es Rusia, y muchos aliados que serán dirigidos por el príncipe Gog quien es el anticristo según Ezequiel, 38.

Las profecías se están cumpliendo en nuestra cara y la gente no se está dando de cuenta. Por esto los que conocen la palabra de Dios sabemos que pronto tomará lugar el gobierno del anticristo mencionado. Por ejemplo, la profecía sobre Damasco ciudad de Siria que fue escrita hace miles de años se acaba de cumplir; por primera vez en su historia las tropas y los bombardeos de aviones Americanos y Rusos la convirtieron en ruinas. Isaías 17: 1-3,

Profecía sobre Damasco. He aquí que Damasco dejará de ser ciudad, y será montón de ruinas.2Las ciudades de Aroer están desamparadas, en majadas se convertirán; dormirán allí, y no habrá quien los espante.3Y cesará el socorro de Efraín, y el reino de Damasco; y lo que quede de Siria será como la gloria de los hijos de Israel, dice Jehová de los ejércitos.

En Apocalipsis 13 Juan vio subir del mar una bestia, que significa un imperio. Los teólogos y conocedores de escatología afirman que se trata del imperio Romano que volverá a resurgir. Apocalipsis 17: 8-18, *La bestia que has visto, (era, y no es;) y está para subir del abismo e ir a perdición; y* los moradores de la tierra, aquellos cuyos nombres no están escritos desde la fundación del mundo en el libro de la vida, se asombraran viendo *(la bestia que era y no es, y será.) (Más bien, el imperio romano que fue no es, pero volverá.)* Esto, para la mente que tenga sabiduría: Las siete cabezas son siete montes, sobre los cuales se sienta la mujer, y son siete reyes. Cinco de ellos han caído; uno es, y el otro aún no ha venido; y cuando venga, es necesario que dure breve tiempo... (La bestia que era, y no es, es también el octavo;) y es de entre los siete, y va a la perdición.) Y los diez cuernos que has visto, son diez reyes, que aún no han recibido reino; pero por una hora recibirán autoridad como reyes juntamente con la bestia... Estos tienen un mismo propósito, y entregarán su poder y su autoridad a la bestia... Pelearán contra el Cordero, y el Cordero los vencerá, porque él es Señor de señores y Rey de reyes; y los que están con él son llamados y elegidos y fieles... Me dijo también: Las aguas que has visto donde la ramera se sienta, son pueblos, muchedumbres, naciones y lenguas... Y los diez cuernos que viste en la bestia, éstos aborrecerán a la ramera, y la dejarán desolada y desnuda; y devorarán sus carnes, y la quemarán con fuego, porque Dios ha puesto en sus corazones el ejecutar lo que él quiso: ponerse de acuerdo, y dar su reino a la bestia, hasta que se cumplan las palabras de Dios... Y la mujer que has visto es la gran ciudad que reina sobre los reyes de la tierra.

Esta ciudad es Roma, la Babilonia comercial y religiosa; es la única ciudad en el mundo que son dos ciudades en una; el Vaticano, y la Roma comercial; el Vaticano la ciudad que está adornada como dice Apocalipsis 18: 16-19, Y

diciendo: ¡Ay, ay, aquella gran ciudad, que estaba vestida de lino fino, y de escarlata, y de grana, y estaba dorada con oro, y adornada de piedras preciosas y de perlas! Porque en una hora han sido desoladas tantas riquezas. Y todo patrón, y todos los que viajan en naves, y marineros, y todos los que trabajan en el mar, se estuvieron lejos; Y viendo el humo de su incendio, dieron voces, diciendo: ¿Qué ciudad era semejante á esta gran ciudad? Y echaron polvo sobre sus cabezas; y dieron voces, llorando y lamentando, diciendo: ¡Ay, ay, de aquella gran ciudad, en la cual todos los que tenían navíos en la mar se habían enriquecido de sus riquezas; que en una hora ha sido desolada!

¿No es el Vaticano papal la ciudad adornada con estas riquezas? El anticristo será el dirigente político, comercial, militar y religioso.

Como pueden ver esto va a terminar donde empezó hace 2,083 años en referencia a la toma de Jerusalén por el imperio romano. Es por esto por lo que reintegró que Dios es quien permite los que gobiernan, ya que Él tiene un plan trazado para que lo que va a suceder, suceda; y es por esto por lo que Romanos 13: 1,

Sométase toda persona a las autoridades superiores; porque no hay autoridad sino de parte de Dios, y las que hay, por Dios han sido establecidas.

Un ejemplo claro es el siguiente; Tel Aviv había reemplazado a Jerusalén como la capital de Israel; en Lucas 21:24; hay una profecía que será cumplida durante el gobierno del anticristo. Y Jerusalén será hollada por los gentiles, hasta que los tiempos de los gentiles se cumplan. (Los 7 años de la gran tribulación.) Para que esto se cumpla Jerusalén tenía que volver a ser la capital. Las pasadas 3 administraciones prometieron restaurar a Jerusalén como la capital y nunca lo hicieron; está claro para mí, que Dios usó a este presidente para que se cumpla la profecía. Es esta una de las razones que instó a ciertos cristianos a que se sometan a las ordenanzas de la palabra de Dios, y no a las informaciones de la prensa liberal. Lo importante no es lo que ya pasó sino lo que va a pasar; Juan habla de 7 Reyes; cuando le dieron la profecía 5 habían caído; Egipto, Asiria, Babilonia, Media- Persia y Grecia; el sexto era el Romano que duró hasta el 1453 DC; el otro que aún no ha venido es el romano, (que es el que fue, no es, pero volverá.) El octavo que Juan prensa creen que Estados Unidos es muy poderoso, y que puede dominar y arreglar cualquier situación están totalmente equivocados. Como prueba de que E.U. no estará de líder, lo encontramos en Ezequiel 38 en la guerra del Armagedón que peleará Gog y Magog; más bien Rusia ya que es el país que vendrá de los confines del norte contra Israel; Como sabemos en todas las guerras incluyendo las guerras del medio Oriente, E.U las ha estado lidiando; pero en esta guerra ya E.U. y la coalición de países no estarán presentes, ya que Dios mismo es quien los va a vencer. Ezequiel 38; 18 -23,

En aquel tiempo, cuando venga Gog contra la tierra de Israel, dijo Jehová el Señor, subirá mi ira y mi enojo... Porque he hablado en mi celo, y en el fuego de mi ira: Que en aquel tiempo habrá gran temblor sobre la tierra de Israel; que los peces del mar, las aves del cielo, las bestias del campo y toda serpiente que se arrastra sobre la tierra, y todos los hombres que están sobre la faz de la tierra, temblarán ante mi presencia; y se desmoronarán los montes, y los vallados caerán, y todo muro caerá a tierra... Y en todos mis montes llamaré contra él la espada, dice Jehová el Señor; la espada de cada cual será contra su hermano... Y yo litigaré contra él con pestilencia y con sangre; y haré llover sobre él, sobre sus tropas y sobre los muchos pueblos que están con él, impetuosa lluvia, y piedras de granizo, fuego y azufre... Y seré engrandecido y santificado, y seré conocido ante los ojos de muchas naciones; y sabrán que yo soy Jehová.)

La gran mayoría de la gente piensa que E.U. es muy poderoso para desaparecer como la potencia mundial. Era lo mismo que creían los otros 5 Imperios el último España, dueños de medio mundo tiempos súper poderosos como España, y Grecia, y cayeron. Creo que estamos muy enfocados en los asuntos políticos y nos hemos olvidado de lo más importante; lo profético. Por esto quiero dar esta información. Como ya mencioné, no pensaba que esto pudiera suceder; como también estoy seguro de que muchos por la misma razón piensan igual. Sin embargo, después de ver como ya los políticos liberales han sacado a Dios de todo, sin duda alguna ya moralmente este país está muerto, matando a más de 50 millones de bebés, otorgando los casamientos de homosexuales y la lista grande de todo lo ya mencionado. La sociedad por lo general le llama a lo malo bueno, y a lo bueno malo: La profecía de Daniel 12 ya se está cumpliendo, donde dice que en los últimos días el impío procederá impíamente (indicativo de desenfreno total). Me queda claro que esto seguirá de mal en peor. Lo que sí estoy seguro es que el país está al borde de la bancarrota con la deuda de casi 30 trillones de dólares, ya que se deben 28 pero ya están comprometidos 30. También ya los expertos hablan de que vamos a tener una deuda superior a 30 trillones. Cuando sumamos todos los acontecimientos del país que son ya innumerables; no me queda duda, que, por medio del mismo gobierno, y de la misma sociedad ya enferma, sin intervención de otros perderemos todo, ya que nuestros dueños serán los chinos y los japoneses. Y como ya no tendremos la protección de Dios, cuestión de tiempo Adiós América. Así se cumplirán las profecías bíblicas; y ahora veo con claridad porque Estados Unidos, no figura en los acontecimientos finales.

En cuanto a la Teología y las profecías ni los políticos ni la prensa saben dónde están parados. Uno en CNN dice, Trump no está preparado ni tiene un plan para detener la pandemia. Mi respuesta a este comentario es el siguiente: Ni Trump, ni nadie puede detener lo que el Supremo Dios ya estableció que estaría tomando lugar. El dominio del mundo entero es de Dios, y aunque los políticos y la comunistas. Si se logra, esa reconciliación requerirá que la Iglesia ceda explícitamente parte de su autoridad para nombrar obispos al buró político.

Esta información y mucha otra aquí no informada no son evidencia que el papa pueda ser el anticristo; pero sus expresiones y reformas me llevan a pensar lo que dice Apocalipsis 13:11 aquí citado; se viste como cordero, pero habla como dragón.

Todos estos acontecimientos profetizados ya han comenzado a tener su cumplimiento; y como informe Estados Unidos de América no aparece en los acontecimientos finales. Porqué, y cómo Estados Unidos de América, desaparecerá como la potencia mundial que controla al mundo. Por muchos años he venido estudiando libros de Teólogos en Escatología, y de profundos interpretadores de las profecías que estarán tomando lugar en los últimos días. Por ejemplo, el profesor Kittin Silva, a principio de los 80s escribió un libro de las profecías de Daniel y Apocalipsis, interpretando detalladamente los acontecimientos, de las profecías dadas a Daniel Y Juan; en lo que también informo que Rusia caería como potencia, pero volvería a resurgir. Como ya sabemos, ya se cumplió. Todos los Teólogos profundos en profecías, están de acuerdo que Estados Unidos no aparece en los acontecimientos finales que tomarán lugar, como la guerra del Armagedón; y de las naciones que surgirán mencionadas por Daniel. Todos concuerdan, que es Rusia el país que menciona la biblia en las profecías, como el país que vendrá del norte, y que peleará la guerra del Armagedón. Si no se han dado de cuenta; no sólo resurgió, ya está por convenio de Estados Unidos, durante la administración de Obama, liderando la guerra en Siria. Pero voy a lo que ya me he referido de Estados Unidos. Por años yo cuestionaba como un País tan poderoso como este perdería ese poder; aunque pensaba en que los otros 5 Imperios, también en sus menciona, Apocalipsis 17, es el gobierno del anticristo, el que Daniel 11: 21 dice que a este hombre despreciable no le darán la honra del reino, pero vendrá sin aviso y tomará el reino con halagos. Y como mencione USA no aparece en ningún evento final; lo que indica que perderá el poder. En base a la historia y las acciones tomadas, hay dos razones que llevaran al país a la pérdida del poder. La primera ya ha sido establecida; la espalda a Dios; más bien, de amigos de Dios a enemigos de Dios. La segunda envuelve la economía y la deuda; en ambos casos son los demócratas los responsables. Todo lo que se va a necesitar es que Dios le permita volver al poder, para que inviertan trillones en el cambio del clima y gratis todo, y adiós, América.

El falso profeta

El anticristo ya mencionado usará un falso profeta que le abrirá la puerta para que logre todo lo ya mencionado. Será alguien, así como Juan el bautista que le abrió el camino a nuestro salvador Jesucristo. Esta será la segunda bestia que Juan vio en Apocalipsis 13: 11-18 y

como ya sabemos es un líder religioso al que el dragón el diablo usará para engañar a toda la gente. Apocalipsis 13: 11-18, Después vi otra bestia que subía de la tierra; y tenía dos cuernos semejantes a los de un cordero, pero hablaba como dragón. Y ejerce toda la autoridad de la primera bestia en presencia de ella, y hace que la tierra y los moradores de ella adoren a la primera bestia, cuya herida mortal fue sanada. También hace grandes señales, de tal manera que aun hace descender fuego del cielo a la tierra delante de los hombres. Y engaña a los moradores de la tierra con las señales que se le ha permitido hacer en presencia de la bestia, mandando a los moradores de la tierra que le hagan imagen a la bestia que tiene la herida incluyendo parte de lo que son ahora estados aquí en Estados Unidos, como fue el caso del tratado de Adams-Onís en el que cedieron a la Florida en 1821. En el 2008 en un escrito mencione que los Demócratas llevarían este país a la ruina total; y cuestión de tiempo desapareceremos como líderes del mundo. En nuestra cara lo llevan por ese camino y no nos damos de cuenta. Ya moral y espiritualmente los Demócratas lo mataron. Ahora están trabajando enérgicamente para llevarlo a lo único que queda para perder el poder mencionado; el poder económico. Entre sus planes hay trillones de dólares para detener los cambios del clima; algo que su dueño es Dios. Como mencione antes, Daniel profetizó que la ciencia se adelantaría; y sabemos que se ha cumplido. Por estos adelantos nos creemos poderosos. Por los adelantos de ciencia tenemos una estación espacial y los satélites que todo funciona por medio de ellos; computadoras, celulares y todo depende de estos adelantos incluyendo inversiones compras y ventas, en fin, todo. En Abdías Dios dice lo siguiente refiriéndose a los adelantos del hombre.

He aquí, pequeño te he hecho entre las naciones; estás abatido en gran manera. La soberbia de tu corazón te ha engañado, tú que moras en las hendiduras de las peñas, en tu altísima morada; que dices en tu corazón: ¿Quién me derribará a tierra? Si te remontares como águila, y aunque entre las estrellas pusieres tu nido, de ahí te derribaré, dice Jehová.

Imagínense si un virus ha puesto el mundo entero de rodillas, y la economía mundial se tambalea, millones sin trabajo; dependiendo que el gobierno mande un chequecito; quiero ver si Dios le da un empujoncito a la estación espacial y los satélites, y en un momento regresamos al 1,800; a ver dónde va a estar el poder que se cree tener

EL GOBIERNO DEL ANTICRISTO

y cuantos chequecitos de dinero prestado pueden seguir mandando. Lo que está escrito va a suceder. Como buen ciudadano y cristiano, no voy a ser parte del fracaso y la ruina total votando por los enemigos de Dios, los Demócratas. Aparte de todo esto los Demócratas siempre han tenido una postura cobarde cuando se ha tratado de tomar decisiones firmes para defender el país. ¿Qué acciones tomaron los Demócratas cuando trataron de tumbar las Torres Gemelas en el año 1993? de acuerdo con información creíble, unos años más tarde la CIA le informó al ex-Presidente Clinton, que ellos habían capturado y que tenían al criminal terrorista Ben Laden. El Presidente les ordenó que lo dejaran ir, por miedo a la opinión de otros países, aun teniendo evidencia de que la mano de Bin Laden, era la responsable de lo sucedido con la embajada de Estados Unidos en África. Es por esto por lo que hay gente conocedora que opinan, que por esa negligencia sucedió lo del 9/11/01. Tenemos que también refrescarnos la mente y saber quiénes eran los que estaban al frente en este país cuando la situación de los rehenes en Irán durante la administración de Carter; los ataques contra el barco de soldados que murieron por un cohete bomba que le lanzaron los terroristas, y la Embajada de Estados Unidos en África, que la bajaron con bombas y murieron cientos de personas. La lista es larga de ataques que han venido cometiendo los terroristas alrededor del mundo en contra de este país. Esto es sin incluir todos los actos terroristas que han cometido en contra de otros países alrededor del mundo. La palabra de Dios no nos dice de quiénes estarán en el poder, pero sí está claro que vendrán acontecimientos contra la tierra Gloriosa, que todos sabemos es Israel. De acuerdo con la palabra de Dios, que será cumplida, habrá grandes conflictos en esos países del medio Oriente; y sabiendo que Estados Unidos es la potencia que está controlando al mundo, me queda claro por lo ya mencionado, que serán los Demócratas quiénes estarán en el poder para que estos acontecimientos toman lugar. Las posiciones que han tomado los republicanos no hay ni que mencionarlas, ya que pienso que todos conocen la historia que explica lo que ellos han hecho cuando han estado en el poder. Simplemente recuerden que hizo el presidente Ronald Reagan cuando Granada, la invasión a Santo Domingo, Nomar Kadaffi, las murallas de Berlín y el comunismo en Centroamérica. La posición que tomaron George Bush padre, y George Bush hijo, en el Golfo Pérsico y en Iraq. No quiero ir tan hacia atrás en la historia, pero la posición Republicana siempre ha sido valiente a diferencia de la postura Demócrata, con alguna excepción. Los libros de historia nos relatan todos los acontecimientos y las decisiones tomadas en este país, y por quienes han sido tomadas. Lo que quiere decir para mí, que estarán los Demócratas en el poder para que lo que está escrito que tiene que suceder suceda. También pienso que de la manera que los Demócratas gobiernan, es posible que ya hayan llevado al país a la bancarrota, y ya no seamos la potencia que controla el mundo.

Sin duda alguna los conocedores de teología sabemos que las profecías bíblicas en todos los sentidos, tanto en la ciencia como en el comportamiento de la humanidad, están teniendo sus cumplimientos tal y como fue predicho que estaría sucediendo. El mismo hecho de rechazar y no creer estas informaciones y darlas como fanatismo, o ignorar estas advertencias, son parte de lo que las profecías mismas dicen que sucedería.

En referencia a los acontecimientos contra la tierra Gloriosa Israel, informo que el gobierno del anticristo ya mencionado gobernara por 7 años; durante los primeros tres años y medio los judíos obtendrán la paz que por miles de años han venido buscando, y que nadie lo ha conseguido. Este gobernante, por permisión de Dios les va a conseguir la paz, y serán engañados, ya que los judíos todavía están esperando al mesías por haber rechazado a Cristo como el mesías. Los primeros tres años y medio de acuerdo con las profecías, este gobernante engañara a todo el mundo, y todo el mundo lo adorara y le rendirán pleitesía; pero después de los tres años y medio, por tres años y medio más, Dios le va a permitir lo que se conoce como la gran tribulación, donde sucederá todo lo ya mencionado en como gobernara y cambiará las leyes, el ejército, la moneda, la policía, la religión y todos tendrán la marca del 666 para que puedan comprar.

Durante esos tres años y medio, los judíos sufrirán muerte y persecución, y caerán a filo de espada; serán llevados cautivos a todas las naciones; Jerusalén será hoyada por los gentiles hasta que los tiempos de los gentiles se cumplan. Lucas 21 -24,

Y caerán á filo de espada, y serán llevados cautivos a todas las naciones: y Jerusalén será hollada de las gentes, hasta que los tiempos de las gentes sean cumplidos.

Nada de esto es fanatismo, es la realidad a la que el mundo entero tendrá que enfrentar. Si creen lo que sucedió cuando Noé con el diluvio, cuando le advirtió a la humanidad a que se arrepintiera y no creyeron hasta que llegó el diluvio y todos perecieron; lo mismo sucederá a todas estas generaciones incrédulas. La siguiente advertencia es la que el mismo Cristo nos da en Mateo 24:29-51,

E inmediatamente después de la tribulación de aquellos días, el sol se oscurecerá, y la luna no dará su resplandor, y las estrellas caerán del cielo, y las potencias de los cielos serán conmovidas.30Entonces aparecerá la señal del Hijo del Hombre en el cielo; y entonces lamentarán todas las tribus de la tierra, y verán al Hijo del Hombre viniendo sobre las nubes del cielo, con poder y gran gloria.31Y enviará sus ángeles con gran voz de trompeta, y juntarán a sus escogidos, de los cuatro vientos, desde un extremo del cielo hasta el otro.32De la higuera aprended la parábola: Cuando ya su rama está tierna, y brotan las hojas, sabéis que el verano está cerca.33Así también vosotros, cuando veáis todas estas cosas, conoced que está cerca, a las puertas.34De cierto os digo, que no pasará esta generación hasta que todo esto acontezca.35El cielo y la tierra pasarán, pero mis palabras no pasarán.36Pero del día y la hora nadie sabe, ni aun los ángeles de los cielos, sino sólo mi Padre.37Mas como en los días de Noé, así será la venida del Hijo del Hombre.38Porque como en los días antes del diluvio estaban comiendo y bebiendo, casándose y dando en casamiento, hasta el día en que Noé entró en el arca,39y no entendieron hasta que vino el diluvio y se los llevó a todos, así será también la venida del Hijo del Hombre.40Entonces estarán dos en el campo; el uno será tomado, y el otro será dejado.41Dos mujeres estarán moliendo en un molino; la una será tomada, y la otra será dejada.42Velad, pues, porque no sabéis a qué hora ha de venir vuestro Señor.43Pero sabed esto, que si el padre de familia supiese a qué hora el ladrón habría de venir, velaría, y no dejaría minar su casa.44Por tanto, también vosotros estad preparados; porque el Hijo del Hombre vendrá a la hora que no pensáis.45¿Quién es, pues, el siervo fiel y prudente, al cual puso su señor sobre su casa para que les dé el alimento atiempo?46Bienaventurado aquel siervo al cual, cuando su señor venga, le halle haciendo así.47De cierto os digo que sobre todos sus bienes le pondrá.48Pero si aquel siervo malo dijere en su corazón: Mi señor tarda en venir;49y comenzare a golpear a sus consiervos, y aun a comer y a beber con los borrachos,50vendrá el señor de aquel siervo en día que éste no espera, y a la hora que no sabe,51y lo castigará duramente, y pondrá su parte con los hipócritas; allí será el lloro y el crujir de dientes.

Sé que hay muchos que no creen ni que Dios exista; por ejemplo, un compañero de trabajo en una ocasión que viajábamos juntos para resolver un asunto del trabajo me dijo lo siguiente, Yo no creo en Dios, ya que nadie, absolutamente nadie me ha podido probar que Dios existe. Continuó diciéndome, si tú me puedes probar que Dios es real yo lo acepto; pero en realidad no creo que puedas probarlo, ya que a muchos les he hecho la misma pregunta, y nadie lo ha podido probar; y yo no puedo creer en algo que no se ve. Me pregunto; ¿tú has visto a Dios algún día? Mi respuesta fue bien sencilla: Yo no tengo que probarte nada ya que creer en Dios es un acto de fe, tú no tienes fe, para ti él no es real, pero eso no quiere decir que él no es real. La siguiente información ha de demostrar que él es real y que Él existe. En base a lo que me dijo que él no podía creer en algo que no se puede ver, le pregunté lo siguiente, tú dices que no puedes creer en algo que no se ve: ¿Tú has visto el viento? me contesta no, pero lo ciento, y también veo las ramas de los árboles moverse. Mi respuesta fue, yo tampoco he visto a Dios, pero aseguro que lo siento cuando me toca; y de la misma manera que tú ves las ramas de los árboles moverse y veo el Mar enrollarse de regreso, lo puedo ver en las plantas y los mismos árboles que tú ves moverse y que tienen vida, el hombre fabrica plantas, y hasta árboles, pero no pueden darle vida, son de plástico lo veo, en como hizo el universo, la perfección de los planetas, del Sol, la Luna, y todos los cuerpos celestes; lo veo con la perfección en que nos hizo a los humanos; tan solo pensar en cómo funcionan todos nuestros órganos, y el propósito de cada uno de ellos; especialmente lo veo con la perfección y los millones de células y neuronas; y cada una de ellas para una función específica que permiten todas las funciones del cuerpo, incluyendo los movimientos los pensamientos la inteligencia, en fin todo lo que somos y podemos hacer. Hay quienes creen que somos el producto de una bacteria y otros del mono, pero en ninguno de los dos casos puede haber tanta perfección, el mono sigue siendo mono y las bacterias. Sobre todo, ya que yo creo en él, han llegado momentos a mi vida muy difíciles, y cuando le he clamado en mi desespero, sin ninguna duda, he visto su mano obrar, sanándome y sacándome de situaciones que únicamente por su poder he podido vencer. He visto como mi madre ya desahuciada por los médicos y totalmente parapléjica a causa de tres derrames cerebrales, había perdido totalmente su voz, todo su lado derecho y se encontraba 24-7 en lecho postrada Dios la levantó instantáneamente del lecho en que se encontraba; ahí no hubo terapia ni medicamentos; fue un milagro reconocido por los médicos ya que la habían mandado a morir a la casa. Termino diciéndole, te puedo seguir mencionando el resto del año de tantas cosas que demuestran sin ningún argumento la existencia de Dios, pero creo que lo ya mencionado es más que suficiente. No teniendo argumento ante tan indiscutible realidad, su respuesta fue, por primera vez me he quedado sin argumento.

Yo pregunto; atreves de toda la historia de la humanidad siempre la gente ha optado desde Adán y Eva a ser rebeldes y hacer lo malo ante Dios, han recibido castigos y castigos; y en lugar de cambiar; ¿Por qué cada día son más malos?

Es tiempo que meditemos y analicemos nuestro comportamiento como lo que somos, seres inteligentes con un espíritu dado por Dios el cual tiene la capacidad de renovación. A cada ser humano Dios le ha dado un espíritu que es la fuente de la vida del hombre. El alma es la dueña de esta vida y la usa, y por medio del cuerpo la expresa. Los animales tienen alma, pero no espíritu. Ya que el espíritu

181

representa la naturaleza más elevada del hombre, está relacionado con la cualidad de su carácter. Todo aquello que adquiere dominio de nuestro espíritu se convierte en un atributo de nuestro carácter. Por ejemplo si dejamos que los celos nos dominen, o mentirosos, calumniadores, precipitados, perversos, etcétera; necesitamos arrepentimiento y enseñorearse de nuestro espíritu; también hacernos de un espíritu contrito y humillado. Ezequiel 18-31 dice,

Echad de vosotros vuestras transgresiones con que habéis pecado, y haceos un corazón y un espíritu nuevos. ¿Por qué moriréis casa de Israel? Salmo 51-10; Crea en mí oh, Dios, un corazón limpio, y renueva un espíritu recto dentro de mí.

El alma es inteligente y la que anima el cuerpo humano por medio de los sentidos corporales y los órganos; pero el alma es pecaminosa. Es la razón del porque siempre hay una batalla entre nosotros mismos entre escoger hacer lo bueno y lo malo. Gálatas 5-17,

Porque el deseo de la carne es contra el espíritu, y el espíritu es contra la carne; y estos se oponen entre sí, para que no hagáis lo que quisiereis.

Cuando dejamos que el alma venza el espíritu con sus deseos pecaminosos estamos en un estado de muerte; y permitimos que los malos atributos identifiquen nuestro estado espiritual. Es tiempo de buscar a Dios en Espíritu y verdad, por medio de la constante renovación por medio del Espíritu Santo, ya que nuestro espíritu no puede vivificar por sí solo. Dios nos dio libre albedrío para escoger entre el bien y el mal; y aunque la iglesia Católica creen en el purgatorio como un medio de purificación y salvación, no es lo que nos enseña la palabra de Dios en Corintios 5-10,

Porque es necesario que todos nosotros comparezcamos ante el tribunal de Cristo, para que cada uno reciba según lo que haya hecho mientras estaba en el cuerpo, sea bueno o sea malo.

¿Por qué estas advertencias? Como ya mencioné, Dios le dio a Daniel las profecías de todo lo que pasaría en el fin de los días; y es evidente en base a los acontecimientos presentes y las profecías cumplidas que el tiempo del fin ya ha comenzado.

Los cristianos y la política

Años atrás y aun todavía, la gran mayoría de los pastores y líderes religiosos, han mantenido la creencia, que la iglesia no se debe de envolver en la política. Yo de igual manera creo que la iglesia no se debe de envolver en la política; Pero sí creo que los pastores y líderes religiosos, tienen la responsabilidad de educar a la iglesia en cuanto a los políticos; ya que en los días en que estamos viviendo se han levantado muchos políticos con un ataque anticristiano, y legislando leyes que van totalmente opuestas a lo establecido por Dios, y por supuesto en contra de lo que la iglesia enseña. Todo esto por supuesto es obra de Satanás, como dice la Biblia en 1 Pedro 5: 8,

Sed sobrios, y velad; porque vuestro adversario el diablo, como león rugiente anda alrededor, buscando a quien devorar.

Espiritualmente estamos en una guerra, y la iglesia se supone que es parte del ejército de Dios. Por lo tanto, como dice 2 Timoteo 2, somos soldados de este ejército, para batallar en contra del enemigo. En una guerra, un soldado que no esté bien preparado y que tenga un buen armamento, es un soldado muerto. En el ejército los líderes preparan bien a los soldados para poder ganar las batallas; y en la iglesia de igual manera los líderes tienen la responsabilidad ante Dios, de preparar bien los soldados para el ataque de los políticos, que están siendo instrumentos de Satanás para destruir la iglesia.

Aparte de esto hay un gran número de organizaciones que se han levantado para luchar en contra de todo principio cristiano, y están llevando a cabo protestas y poniéndoles presión a los legisladores para obtener lo que ellos quieren y demandan. Todo esto que está pasando no es otra cosa que el cumplimiento de las profecías bíblicas. Como en los días de Noé, en Génesis 6, la gente se burla y no quiere escuchar. Pero los que conocemos bien la palabra de Dios, sabemos que muy pronto el gobierno del anticristo tomará lugar. El comportamiento de la gente, y de los gobiernos alrededor del mundo, especialmente el de la administración del presidente Obama, aprobando todo lo que está opuesto a lo establecido por Dios, y dándole la espalda al pueblo de Israel; son claras indicaciones del cumplimiento de las profecías bíblicas. Por los resultados que se están viendo bien claros, todos estos grupos que se han rebelado contra Dios y la iglesia, han venido obteniendo lo que ellos quieren y demandan. Por supuesto que esto, habrá de continuar. Mi preocupación es que la mayoría de las iglesias están entretenidas, y por lo general permitiendo todo este bombardeo de parte de gente corrupta, mientras la gente cristiana no está haciendo absolutamente nada, otra que no sea cantando coritos en el templo, y en el mismo círculo semana tras semana, mes por mes, y año tras año. Aunque nuestro Señor Jesucristo dijo en S. Mateo 16:18 que *las puertas del infierno no prevalecerán contra la iglesia*; También dijo en 1 Timoteo 6: 12 que *pelees la batalla de la Fe*. En el libro de Santiago el capítulo 2 del 14 al 26 nos enseña que tenemos que actuar porque la Fe sin obras está muerta.

Un ejemplo claro de esto es el siguiente: En el año 2010, en la ciudad de King, en Carolina del Norte, las organizaciones de ACLU, y la American United For the Separation of State and Church, demandaron ante el Alcalde John Carter y los comisionados de esta ciudad; que una bandera cristiana que se encontraba levantada por muchos años en el Cementerio, Veteran's Memorial Park, fuera quitada de este lugar. El alcalde John Carter y los comisionados, por recomendación del Fiscal, tomaron la decisión de otorgar la demanda, y quitaron la bandera de este lugar. En esta pequeña ciudad parece que hay bastantes cristianos, por lo que demandaron una reunión con el alcalde y los comisionados, y demandaron que volvieran a levantar la bandera en su lugar. El alcalde y los comisionados rehusaron dar marcha atrás. Los cristianos ciudadanos y residentes de esta ciudad comenzaron a ejercer las obras de su Fe, y comenzaron a comprar y levantar banderas cristianas en todas las casas, y todos los establecimientos comerciales. Cuando estos políticos se dieron cuenta de la cantidad de gente que estaba prácticamente dándole el mensaje por medio de las banderas, de los resultados que ellos obtendrían el día en que se llevarán a cabo las elecciones; inmediatamente restauraron la bandera, retornando en su lugar. Este fue el resultado de las obras de su Fe.

Todas estas organizaciones, usan no solo las protestas, usan también el Internet, el teléfono, y el correo; y se contactan con los legisladores presionándolos a no darle su voto si no legislan a su favor. Los cristianos somos mucho más millones y pudiéramos ejercer las obras, y usar los mismos medios, o cuando menos sacándoles de sus puestos políticos con nuestro voto. Aún más importante todavía, quiero asegurarnos que este tipo de políticos no suban al poder con nuestro voto, ya que una vez que tienen el poder, hacen leyes de las que nos podamos arrepentir: Un ejemplo claro es en el estado de New York; ¿cuántos cristianos ayudaron con su voto a poner todos esos legisladores demócratas, con la ayuda de dos republicanos liberales, para pasar la ley que permite los casamientos de homosexuales? Unos 20 años atrás, cualquiera que hubiera pronosticado que en este tiempo el gobierno mismo se iba a encargar no solo de apoyar estos tipos de comportamientos, sino que también legislan leyes otorgando estos casamientos, la respuesta hubiera sido; jamás esto sucederá. De igual manera llegará el día que llegues al templo y te encuentres con un letrero que diga, este templo está cerrado por órdenes del gobierno.

Ya que estamos viviendo en medio de una sociedad tan frágil y delicada, donde todo lo que se dice o se informa, es porque uno discrimina, o es un fanático; quiero dejar claro que mi único propósito es defender las leyes Divinas; leyes que un verdadero cristiano debe defender por encima de cualquier ley o criterio aquí en la tierra. Por estas mismas razones es que hay verdaderos cristianos muriendo de manos de los terroristas del ISIS, y otras organizaciones alrededor del mundo. Espero que se entienda que de la misma manera que nosotros los cristianos debemos respetar y no discriminar contra nadie; también como cristianos tenemos derechos constitucionales que deben ser respetados de igual manera. La constitución de los Estados Unidos en la enmienda #1; dice: Las religiones tienen el derecho de ejercitar y practicar las doctrinas de su religión. Por ejemplo; de acuerdo con la ley ya establecida; los homosexuales tienen derecho a casarse aquí en este país. Pero de acuerdo con nuestros derechos constitucionales ya mencionados; ni ellos ni nadie puede obligarnos a ser partícipes de sus pecados. Quiero aclarar que una cosa es discriminar, y otra es no ser partícipe. Por ejemplo, si yo tengo un negocio y por ellos ser homosexuales rehúso venderles o servirles, eso es discriminación; y eso no es lo que la biblia enseña. Ser participantes es aprobar su homosexualismo, participar en sus actividades, ya sean bodas, protestas, fiestas ext. La biblia enseña a no ser participantes con los que practican el pecado; y esto no solo se trata de homosexuales sino de todo el que practica el pecado. Por ejemplo, si alguien está cometiendo adulterio y yo estoy de alguna manera ayudando esa relación, yo estoy siendo participante de ese pecado.

Los legisladores, los homosexuales, y todos sus defensores, tienen que entender que por los derechos constitucionales que tenemos los cristianos, no pueden estar tratando de obligarnos a violar los mandamientos Divinos que se encuentran claros en la palabra de Dios. Estos derechos, los entendieron muy bien los padres de nuestra patria que escribieron la constitución. Y también deben de entender que el no ser participantes de sus pecados, no nos convierte en discriminadores. Más adelante cito lo que exactamente enseña la palabra de Dios en referencia a lo informado.

Una organización que está siendo fuertemente usada por Satanás, son los ateos. Esta organización por supuesto no creen en Dios, y me imagino que tampoco en el diablo, pero son los responsables de un gran número de demandas en los tribunales, en contra de todo principio cristiano. Como ellos no creen en Dios, se les hace muy fácil con su mentalidad diabólica tratar de destruir el buen trabajo de la iglesia. Si no despertamos a la realidad, será cada vez más difícil el trabajo de la iglesia; y mucha más gente ira camino a la perdición. Espiritual y moralmente, como ya mencioné, el mundo está viviendo en un abismo de perdición como Sodoma y Gomorra; y aunque a muchos les duela, hay que contrarrestar el pecado; esa es la función y el trabajo de la iglesia y de cada cristiano individual.

La pregunta que muchos hacen es; ¿Qué tiene que ver la política con los cristianos? Al leer el contenido basado totalmente en la palabra de Dios, podremos ver sus conexiones. Lo que está sucediendo es tan cierto, que la prensa ha informado de elecciones que se han perdido, porque los Evangélicos rehusaron salir a votar. Después de leer la información nos podremos dar de cuenta, que, aunque la iglesia directamente no tiene nada que ver con la política, los políticos sí tienen mucho que ver con la iglesia; y los cristianos tienen mucho que ver con los políticos. Todos los temas y toda la información que trato están basados en la palabra de Dios, con sus citas bíblica

La Iglesia

Por muchos años la Iglesia viene anunciando la venida de nuestro Señor y Salvador Jesucristo. Dice la Biblia que ni aún los Ángeles que están en el cielo saben ni el día ni la hora cuando esto acontecerá; pero nos dejó señales y acontecimientos que sucederían para que estuviéramos apercibidos y velando. Nos dejó la parábola de las 10 vírgenes en Mateo 25 y 24 nos narra los acontecimientos que están tomando lugar en este planeta tierra. Y habrá hambre rumores de guerra, pestes nación contra nación, terremotos, y muchos diciendo yo soy el Cristo, tal y como viene anunciando y presentándose el llamado reverendo José Luís de Jesús Miranda, de la secta Creciendo en Gracia. En el versículo 11 de este capítulo dice que muchos falsos profetas se levantarán y engañarán a muchos. Con toda certeza estamos viviendo en los últimos días. Estaremos viendo señales en los cielos, guerras, hambre, pestes (virus), terremotos, Nación contra nación, y grandes acontecimientos aquí en el planeta tierra. La Biblia nos dice en Hebreos 13: 8, que *Jesucristo es el mismo ayer hoy y por los siglos.* Lo que quiere decir que sus leyes y sus doctrinas no cambian. Entre los requisitos que encontramos a través de toda la Biblia, nos enseña, que aquél a quien Él llama y acepta como hijo, le dice, que tome su cruz y lo siga; Marcos 8:34. El tomar la cruz quiere decir estar sujeto a sus mandamientos, y vivir una vida separada para Dios. 1 de Juan, 2:15-17,

"No améis al mundo ni las cosas que están en el mundo. Si alguno ama al mundo, el amor del Padre no está en él, porque todo lo que hay en el mundo, los deseos de la carne, los deseos de los ojos, y la vanagloria de la vida, no proviene del Padre, sino del mundo, y el mundo pasa y sus deseos; pero el que hace la voluntad de Dios permanece para siempre. "

El permanecer para siempre es una expresión que no tiene fin, porque aunque mucha gente cree que al morir termina todo, hay una realidad y es, que hay una eternidad para gloria con Dios, o infierno con el diablo. Para muchos esto suena muy fuerte, pero esto es lo que nos enseña la palabra de Dios. Mateo 25:43-46,

Fui forastero, y no me recogisteis; estuve desnudo; y no me cubristeis; enfermo y en la cárcel, y no me visitasteis. Entonces también ellos le responderán diciendo: Señor; ¿Cuándo te vimos hambriento, sediento, forastero, desnudo, enfermo, o en la cárcel, y no te servimos? Entonces le responderá diciendo: De cierto os digo que en cuanto no lo hicisteis a uno de estos más pequeños, tampoco a mí lo hicisteis. E irán éstos al castigo eterno, y los justos a la vida eterna.

Hay mucha gente que piensa que el mundo se va a acabar, y que esto será el final de todo. La Biblia nos enseña que lo que se va a acabar es el reinado del diablo, los Ángeles caídos, y todo espíritu de las tinieblas. Hago mención de que esto es lo que enseña la Biblia, porque el concepto que el mundo se va a acabar, erróneamente lo han malinterpretado de las profecías bíblicas. Al igual que el diablo, todo el que no sea salvo por no aceptar el sacrificio de Cristo en la cruz, y no vivir una vida de acuerdo con los mandatos Divinos, también irá a la perdición y al lago de fuego. Apocalipsis 20:10,

Y el diablo que los engañaba fue lanzado en el lago de fuego y azufre, donde estaban la bestia y el falso profeta; y serán atormentados día y noche por los siglos de los siglos.

En referencia al destino de la gente, dice Mateo 18:8, Por tanto,

Si tu mano o tú pie te es ocasión de caer, córtalo y échalo de ti; mejor te es entrar en la vida cojo o manco, que teniendo dos manos o dos pies ser echado en el fuego eterno. Apocalipsis 20:15, Y el que no se halló inscrito en el libro de la vida fue lanzado al lago de fuego. San Mateo 5:21-22, Oísteis que fue dicho a los antiguos; No matarás; y cualquiera que matare será culpable del juicio. Pero yo os digo que cualquiera que se enoje contra su hermano, será culpable de juicio; y cualquiera que diga necio, a su hermano será culpable ante el concilio; y cualquiera que diga fatuo, quedará expuesto al infierno de fuego.

Mateo 18: 9, Y si tu ojo te es ocasión de caer, sácalo y échalo de ti; mejor te es entrar con un solo ojo en la vida, que teniendo dos ojos ser echado en el infierno de fuego. 2 Pedro: 3-5-7, Estos ignoran voluntariamente, que en el tiempo antiguo fueron hechos por la palabra de Dios los cielos, y también la tierra, que proviene del agua y por el agua subsiste, por lo cual el mundo de entonces pereció anegado en agua; pero los cielos y la tierra que existen ahora, están reservados por la misma palabra, guardados para el fuego en el día del juicio y de la perdición de los hombres impíos.

Para la gente que piensan que el infierno es solo un lugar de tormento, y que este será el lugar donde pasarán la eternidad, debo dar la siguiente información. El infierno es la traducción de Seol en el Antiguo testamento, también conocido como Hades en el nuevo testamento. El infierno es la sala de espera, el lugar intermedio donde esperan los que han muerto sin salvación para ser juzgados en el día del juicio. Lucas 16:22-26,

> *Aconteció que murió el mendigo y fue llevado por los Ángeles al seno de Abraham; y murió también el rico y fue sepultado. Y en el Hades alzó sus ojos estando en tormentos, y vio de lejos a Abraham, y a Lázaro en su seno. Entonces él, dando voces dijo: Padre Abraham, ten misericordia de mí, y envía a Lázaro para que moje la punta de su dedo en agua, y refresque mi lengua; porque estoy atormentado en esta llama. Pero Abraham le dijo: Hijo, acuérdate que recibiste tus bienes en tu vida, y Lázaro también males; pero ahora este es consolado aquí, y tú atormentado. Además de todo esto, una gran sima está puesta entre nosotros y vosotros, de manera que los que quisieren pasar de aquí a vosotros, no pueden, ni de allá pasar acá.*

Hay cuatro cosas muy notables en esta lectura. Primero: Que estaban en un estado consciente; Segundo: Que no solo se trataba del rico y de Lázaro, ya que Abraham le contesta y le dice, que hay una sima puesta entre nosotros y vosotros; dejando claro que se trataba de mucha gente. Tercero: Que los muertos en Cristo están en descanso y felicidad, mientras que los no salvos están en tormento. Cuarto: Aunque no están en el lago de fuego todavía, parece que el lago de fuego está muy cerca de ellos, ya que pueden sentir la llama y el calor que los atormenta. Debo aclarar que aunque Abraham y Lázaro estaban en ese lugar, al igual que David, Job y todos los muertos del antiguo testamento, que estaban salvos y Dios los tenía allí. Ya estos mencionados, no se encuentran en ese lugar, El Salmo 49- 15 dice, Pero Dios redimirá mi vida del poder del Seól porque Él me tomará consigo. Como ya mencioné, los muertos del Antiguo Testamento se encontraban en este lugar. Por cierto, Lázaro estuvo muy poco tiempo allí, porque cuando Cristo murió y estuvo sepultado tres días y tres noches, al resucitar cumplió lo ya mencionado en el Salmo 49-15; Y se acordó de Job, en Job 14-13 que dice:

¡Oh, ¡quién me diera que me escondieses en el Seól, Que me encubrieses hasta apaciguarse tu ira, Que me pusieres plazo, ¡y de mi te acordaras!

Cristo al resucitar también trajo con El a los que estaban salvos en el Seol transportándose al paraíso, cumpliendo la promesa que hizo en Juan 12-32,

Y yo si fuera levantado de la tierra a todos atraeré a mí mismo. Efesios 4; 8-9, Por lo cual dice: Subiendo a lo alto llevó cautiva la cautividad, y dio dones a los hombres. Y esto que subió, ¿Qué es, sino que también había descendido, primero a las partes más bajas de la tierra?

Por esto es por lo que le dijo al ladrón que estaba junto a Él en la cruz en Lucas 23-43,

Hoy mismo estarás conmigo en el paraíso. 2 Corintios 12; 2-4 dice: Conozco a un hombre en Cristo, que hace catorce años (si en el cuerpo, no lo sé; si fuera del cuerpo, no lo sé; Dios lo sabe) fue arrebatado hasta el tercer cielo. Y conozco al tal hombre (si en el cuerpo, o fuera del cuerpo, no lo sé; Dios lo sabe), que fue arrebatado al paraíso, donde oyó palabras inefables, que no le es dado al hombre expresar.

En referencia a esto, Apocalipsis 14-13 dice:

Oí una voz que desde el cielo me decía: Escribe: Bienaventurados de aquí en adelante los muertos que mueren en el Señor, Si, dice el Espíritu, descansarán de sus trabajos, porque sus obras con ellos siguen.

En el mismo libro de Apocalipsis encontramos otro cuadro de los que esperaban en el paraíso, por el juicio de Dios.

Apocalipsis 6:9-11 Cuando abrió el quinto sello, vi bajo el altar las almas de los que habían sido muertos por causa de la palabra de Dios y por el testimonio que tenían. Y clamaban a gran voz diciendo: ¿Hasta cuándo, Señor, santo y verdadero, ¿no juzgas y vengas nuestra sangre en los que moran en la tierra? Y se le dieron vestiduras blancas, y se les dijo que descansaran todavía un poco de tiempo, hasta que se completara el número de sus con siervos y sus hermanos, que también habrían de ser muertos como ellos.

Los que mueren en el Señor van a la gloria o al paraíso, pero los que no mueren salvos van al infierno hasta que sean resucitados para enfrentar el juicio en el día del gran trono blanco. Es triste mencionarlo, pero desde que mueren entran al infierno y comienzan en un tormento, como se encuentra el hombre rico ya mencionado en Lucas 16; que lleva dos mil años en este tormento en espera del juicio.

Después del juicio del Gran Trono Blanco, todos los que han estado desde el principio en el infierno, incluyendo al rico ya mencionado en Lucas 16; 22-26, y los que todavía faltan por llegar hasta que llegue el juicio final, según Apocalipsis 20; 12 -15,

Y vi. A los muertos, grandes y pequeños, de pie ante Dios; y los libros fueron abiertos, y otro libro fue abierto, el cual

es el libro de la vida; y fueron juzgados los muertos por las cosas que estaban escritas en los libros, según sus obras. Y la muerte y el Hades fueron lanzados al lago de fuego. Esta es la muerte segunda. Y el que no se halló inscrito en el libro de la vida fue lanzado al lago de fuego.

A estos son a los que se refiere el mismo Jesús, en San Mateo 5:21-22 y 25:41 ya mencionado. Lo que deja claro que el infierno es el lugar de espera hasta el día en que serán juzgados. Y en ese día, el mismo infierno con todos los que están en él, ya condenados, serán lanzados al fuego eterno.

Hay sectas como Creciendo en Gracia o salvos siempre salvos que erróneamente enseñan que una vez que la persona es salva, ya no se pierde o irá a la condenación eterna. Sin embargo, eso no es lo que nos enseña la Biblia.

Hebreos 10; 26-29 Porque si pecaremos voluntariamente después de haber recibido el conocimiento de la verdad, ya no queda más sacrificio por los pecados, sino una horrenda expectación de juicio, y de hervor de fuego que ha de devorar a los adversarios. El que viola la ley de Moisés, por el testimonio de dos o tres testigos muere irremisiblemente. ¿Cuánto mayor castigo pensáis que merecerá el que pisoteare al hijo de Dios, y tuviere por inmunda la sangre del pacto en la cual fue santificado e hiciere afrenta al Espíritu de gracia?

Por si fuera poco, el verso 39 dice:

Pero nosotros no somos de los que retroceden para perdición, sino de los que tienen fe para reservación del alma.

La iglesia católica enseña que después de muerto, hay que pasar por un proceso de purificación, conocido como el purgatorio, para poder ser salvos o ser aptos para presentarse ante Dios. Esto está en contradicción a 2 Corintios 5:10

> *Porque es necesario que todos nosotros comparezcamos ante el tribunal de Cristo, para que cada uno reciba según lo que haya hecho mientras estaba en el cuerpo, sea bueno o sea malo. Apocalipsis 20: 12, Y fueron juzgados los muertos por las cosas que estaban escritas en los libros, según sus obras. Hebreos 9:27, Y de la manera que está establecido para los hombres que mueran una vez, y después de esto el juicio.*

Si hubiera otros medios como el purgatorio, o siempre salvos para alcanzar la salvación, no tendría mérito el sacrificio de Cristo en la cruz, y tampoco habría que vivir una vida en santidad como lo demandan las leyes divinas. Tampoco tendrían sentido las citas bíblicas que acabamos de leer.

Después del rapto, y la gran tribulación que tendrá un periodo de 7 años; habrá un proceso de juicios y acontecimientos; y el diablo será tomado preso, y atado en prisión por unos mil años.

> *Apocalipsis 20: 1-2, Vi un ángel que descendía del cielo, con la llave del abismo, y una gran cadena en la mano. Y prendió al dragón, la serpiente antigua, que es el diablo y Satanás, y lo ató por mil años.*

Durante estos mil años, Cristo mismo gobernará en la tierra y la regirá con vara de hierro, terminando con la opresión y la injusticia. Como ya mencioné al principio en Isaías 11:1-10 Cristo mismo gobernará en la tierra, y la regirá con vara de hierro terminando con la opresión y la injusticia.

Salmo 2:7-9 Yo publicaré el decreto; Jehová me ha dicho: Mi hijo eres tú; Yo te engendré hoy.8Pídeme, y te daré por herencia las naciones, Y como posesión tuya los confines de la tierra.9Los quebrantaras con vara de hierro; Como vasija de alfarero los desmenuzarás.

Apocalipsis 20- 6, Bienaventurado y santo el que tiene parte en la primera resurrección; la segunda muerte no tiene potestad sobre éstos, sino que serán sacerdotes de Dios y de Cristo, y reinarán con él mil años.7Cuando los mil años se cumplan, Satanás será suelto de su prisión, 8y saldrá a engañar a las naciones que están en los cuatro ángulos de la tierra, a Gog y a Magog, a fin de reunirlos para la batalla; el número de los cuales es como la arena del mar.

Después de mil años el diablo será suelto por un poco de tiempo; No se sabe de cuánto tiempo es, pero si será nuevamente arrestado por el Ángel y será lanzado al lago de fuego por toda una eternidad.

Apocalipsis 20- 3 Y lo arrojó al abismo, y lo encerró, y puso su sello sobre él, para que no engañase más a las naciones, hasta que fuesen cumplidos mil años; y después de esto debe ser desatado por un poco de tiempo.

Mientras tanto los salvados durante esta dispensación, y los salvados durante la gran tribulación, después del rapto de la iglesia, la resurrección de los muertos, los juicios y todo el proceso de acontecimientos que sucederán mientras estemos con el Señor en los cielos. El Señor regresará con su iglesia y estaremos para siempre aquí morando con nuestro Señor.

(1 Tesalonicenses 14-17) Porque si creemos que Jesús murió y resucitó, así también traerá Dios con Jesús a los

que durmieron en él. Por lo cual os decimos esto en palabra del Señor: que nosotros que vivimos, que habremos quedado hasta la venida del Señor, no precederemos a los que durmieron. Porque el Señor mismo con voz de mando, con voz de Arcángel, y con trompeta de Dios, descenderá del cielo; y los muertos en Cristo resucitarán primero. Luego nosotros los que vivimos, los que hayamos quedado, seremos arrebatados juntamente con ellos en las nubes para recibir al Señor en el aire, y así estaremos siempre con el Señor.

Apocalipsis 6:12-14 Miré cuando abrió el sexto sello, y he aquí hubo un gran terremoto; y el sol se puso negro como tela de cilicio, y la luna se volvió toda como sangre; y las estrellas del cielo cayeron sobre la tierra, como la higuera deja caer sus higos cuando es sacudida por un fuerte viento. Y el cielo se desvaneció como un pergamino que se enrolla; y todo monte y toda isla se removieron de su lugar.

La tierra pasará por este proceso de juicio, pero Dios le hará un nuevo cielo y una nueva tierra.

Apocalipsis 21:1-3 Vi un cielo y una tierra nuevos; porque el primer cielo y la primera tierra pasaron y el mar ya no existía más. Y yo Juan vi La santa ciudad, la nueva Jerusalén, descender del cielo de Dios, dispuesta como una esposa ataviada para su marido. Y oí una gran voz del cielo que decía: He aquí el tabernáculo de Dios con los hombres, y El morará con ellos; y ellos serán su pueblo, y Dios mismo estará con ellos como su Dios. Apocalipsis 21: 24, Y las naciones que hubieren sido salvas andarán a la luz de ella; y los reyes de la tierra traerán su gloria y honor a ella. Apocalipsis 22:5 No habrá allí más noche; y no tienen necesidad de luz de lámpara, ni de luz de sol, porque Dios el Señor los iluminará; y reinarán por los siglos de los siglos.

Lo que deja claro que el planeta tierra seguirá en función después de ser transformado por Dios, y nuestro Señor y los salvados estaremos reinando aquí por los siglos de los siglos. (Que tomen nota los creyentes del cambio climático; más bien los que piensan salvar el planeta.)

Esta información no está necesariamente en el orden en que va a acontecer; es simplemente citando los acontecimientos que tomarán lugar aquí en la tierra como una muestra de su eterna existencia.

Lo ya citado es el futuro; para poder llegar a ese futuro tenemos que vivir esté presente de acuerdo con la palabra de Dios.

En referencia a lo que está pasando en este tiempo, en el libro de Mateo 24-12 dice; *y por haberse multiplicado la maldad, el amor de muchos se enfriará.* Cuando analizamos el comportamiento de la mayoría de los cristianos de hoy día, pudiéramos decir con toda certeza que ya estamos viviendo en esos tiempos. La verdad es que no se sabe con certeza quién es cristiano o no. La palabra nos dice que por sus frutos os conoceréis. El hecho de ir dos o tres veces a la semana al templo, y en algunos casos solo los domingos, semana tras semana y año tras año, esto no significa que esté dando el producto de los frutos de que nos habla la palabra de Dios. Para mí esto equivale igual a un árbol de fruto que está sembrado por muchos años, pero nunca da frutos. ¿De qué sirve?

Muchas Iglesias parecen no estar al tono con la palabra de Dios; en lo que a mí se refiere, han ido y van cambiando de acuerdo con cómo va cambiando el mundo, y van practicando todo lo que el mundo hace. Cuando digo muchas iglesias es porque no se puede generalizar, ya que todavía hay iglesias que mantienen su luz encendida en medio de las tinieblas. Cuando hablo de iglesias me refiero a congregaciones, ya que la iglesia del Señor es una. Sin embargo, creo que de estas quedan muy pocas.

Mateo 5:13-14, Vosotros sois la sal de la tierra; pero si la sal se desvaneciese, ¿con que será salada? No sirve más para nada, sino para ser echada fuera y hoyada por los hombres. Vosotros sois la luz del mundo; una ciudad asentada sobre un monte no se puede esconder. Ni se enciende una luz y se pone debajo de un almud, sino sobre el candelero, y alumbra a todos los que están en casa. Así alumbre vuestra luz delante de los hombres, para que vean vuestras buenas obras, y glorifiquen a vuestro Padre que está en los cielos.

La iglesia es la luz del mundo para disipar las tinieblas de la ignorancia moral; y es la sal de la tierra para preservarla de la corrupción moral. Desde mi nacimiento hasta este día he estado en la Iglesia, y he visto cómo la Iglesia ha venido cambiando. Por ejemplo: Los vestuarios, la adoración y cómo se ha venido modernizando y en todo el sentido ha sido transformada.

Los teólogos historiadores nos enseñan que desde el siglo primero la iglesia conducía dos tipos de culto; uno era de oración, alabanzas y predicación, y el otro de adoración conocido como fiesta de amor (Ágape). A esta fiesta solo se les permitía la entrada a los creyentes. De acuerdo con los historiadores se comenzaron a escribir en el primer siglo canciones espirituales que se cantaban con salmos. No fue hasta unos 30 ó 40 años atrás que se introdujo en la iglesia todo tipo de música.

Como un ejemplo a estos cambios:

Estuve ministrando la adoración a Dios en una iglesia por más de un año. Después del año, la iglesia me eligió ministro de alabanza en la asamblea anual que se eligen los que van a estar ministrando y trabajando para dicha obra. El Pastor y los oficiales me entregaron por escrito mis responsabilidades y derechos como ministro de ese departamento. Entre los derechos y responsabilidades, se establecía que yo era el responsable de todo lo que tuviera que ver con la música y el ministerio de alabanzas de la iglesia. Unos meses más tarde, en dos diferentes ocasiones, llegué el domingo preparado para ministrar el programa de alabanzas que había preparado el sábado, y me encuentro que dos de los oficiales habían traído músicos de afuera para que ellos ministraron y dirigieran las alabanzas, sin siquiera informarse de sus acciones que precisamente violaban los reglamentos que ellos mismos me habían entregado. Sostuve una reunión con el pastor y los oficiales para ver cómo se podía resolver el asunto, ya que era injusto tomar tiempo preparando y ensayando un programa de adoración a Dios, y encontrarse con esta irresponsabilidad. Lo siguiente fueron las palabras de uno de los ancianos oficiales de esta Iglesia; (Cito textualmente) Mire hermano Del Toro, sin lugar a duda toca usted muy bien la guitarra y canta usted muy bien, pero sus alabanzas son muy conservadoras y necesitamos que se ministre con música más contemporánea.) Esta información fue sorprendente para mí especialmente viniendo de la boca de un diácono; entiendo que cuando uno va a la iglesia va con dos propósitos que deben de ser los principales. Hay otras cosas que son necesarias que también hay que hacer, pero las siguientes dos son las razones primordiales.

(1) A adorar a Dios por medio de los cánticos, las oraciones y las ofrendas. El mismo diccionario Webster dice que adorar quiere decir reverenciar, respetar y rendirle honor al poder súper natural; más bien al ser Supremo. Yo creo con toda honestidad que de la manera

en que se comporta la mayoría de la gente, desde que entran al templo, dejan mucho que decir; En cuanto a la reverencia y el respeto a Dios me refiero.) Un crédito yo le doy a la iglesia católica y es que la gente desde que entran al templo hasta que salen, lo hace con mucha reverencia.

(2) A que Dios nos hable por medio de la predicación o por medio de los dones del Espíritu.

En la mayoría de los casos por más espirituales que sean las personas, no llegan al servicio ya preparados, para entrar en un ambiente de verdadera adoración a Dios por muchas razones. Creo que la función del que dirige un culto devocional debe de ser preparar ese ambiente con cánticos y oraciones. Los primeros cánticos por lo general, cantos de esos alegres para que la gente vaya olvidando todas sus preocupaciones y vayan entrando en el ambiente de adoración; luego cuando ya estemos preparados, entrar a una íntima y profunda adoración a Dios, con esas alabanzas que nos recomienda la Biblia. Hay gente que piensa que un culto devocional dirigido a Dios es algo teórico o algo práctico. En una ocasión un ex pastor me expresó el siguiente comentario; En la iglesia que él pastoreaba, se acostumbraba en el servicio devocional, a cantar un coro alegre movido, y uno de adoración. Siempre que dirigí servicios solo tuve el propósito de preparar un ambiente espiritual, y no permitir que nada interrumpiera esa comunión con Dios, hasta entregarle el resto del servicio al pastor. Creo de todo corazón que cuando una persona, o muchas personas comienzan a darle un culto a Dios, así sea en un hogar, hay que hacerlo con reverencia, reconociendo que nos estamos comunicando nada menos que con el Ser Supremo. He visto cómo la gente les rinden respeto y honor a hombres como el presidente y otros diputados; ¡cuánto más si estamos hablando y dirigiéndonos a Dios! El que quiera tener idea de a qué clase de comportamiento y respeto me refiero, léase los requisitos y modales que tiene que tener cualquier persona para tratar con la reina Isabel. Y si eso es a la reina Isabel, imagínese cuánta reverencia hay que rendirle a Dios, que es merecedor de toda honra toda gloria y toda majestad. La sugerencia de este diácono fue clara para mí; este tipo de cristianos son los que han convertido a muchas iglesias en clubes de entretenimiento. La Biblia nos enseña en el libro de Colosenses 3:16:

La palabra de Cristo more en abundancia en vosotros, enseñándoos y exhortándoos unos a otros en toda sabiduría, cantando con gracia en vuestros corazones al Señor, con salmos e himnos y cánticos espirituales.

Como, por ejemplo; Isaías 44-22, Isaías 12-6; Salmos y muchos otras más inspiraciones de hombres y mujeres de Dios. Efesios 5-18-19:

Y no os embriaguéis de vino, en lo cual hay disolución; más sed llenos de Espíritu; Hablando entre vosotros con salmos, y con himnos, y canciones espirituales, cantando y alabando al Señor en vuestros corazones; Dando gracias siempre de todo al Dios y Padre en el nombre de nuestro Señor Jesucristo.

Este es el tipo de adoración a Dios, al que ya me he referido, del que recomienda la Biblia.

La excusa que mucha gente usa es que la música es creación de Dios, y así es. La música es creación de Dios. Lo que no dicen es que al igual que muchas otras cosas como, por ejemplo, el sexo por mencionar algo, es también creación de Dios; pero el diablo se ha encargado de usarlo como instrumento, o una manera de perdición. El mismo Satanás fue creación de Dios, creado como un querubín de luz, y se rebeló en Su contra, queriendo hacerse semejante a Él. Isaías 14:12-19:

¡Cómo caíste del cielo, oh, Lucero, ¡hijo de la mañana! Cortado fuiste por tierra, tú que debilitabas las gentes. Tú que decías en tu corazón: Subiré al cielo, en lo alto junto a las estrellas de Dios ensalzaré mi solio, y en el monte del testimonio me sentaré, a los lados del aquilón; Sobre las alturas de las nubes subiré, y seré semejante al Altísimo. Mas tú derribado eres en el sepulcro, a los lados de la huesa. Inclinarse han hacia ti los que te vieren, te considerarán diciendo: ¿Es este aquel varón que hacía temblar la tierra, que trastornaba los reinos; Que puso el mundo como un desierto, que asoló sus ciudades; que a sus presos nunca abrió la cárcel? Todos los reyes de las gentes, todos ellos yacen con honra cada uno en su casa. Mas tú echado eres de tu sepulcro como tronco abominable, como vestido de muertos pasados á cuchillo, que descendieron al fondo de la sepultura; como cuerpo muerto hollado.

Ezequiel 28. 14-19, En Edén, en el huerto de Dios estuviste: toda piedra preciosa fué tu vestidura; el sardio, topacio, diamante, crisólito, onique, y berilo, el zafiro, carbunclo, y esmeralda, y oro, los primores de tus tamboriles y pífanos estuvieron apercibidos para ti en el día de tu creación. Tú, querubín grande, cubridor: y yo te puse; en el santo monte de Dios estuviste; en medio de piedras de fuego has andado. Perfecto eras en todos tus caminos desde el día que fuiste criado, hasta que se halló en ti maldad. A causa de la multitud de tu contratación fuiste lleno de iniquidad, y pecaste: por lo que yo te eché del monte de Dios, y te arrojé de entre las piedras del fuego, oh querubín cubridor. Enaltecióse tu corazón a causa de tu hermosura, corrompiste tu sabiduría á causa de tu resplandor: yo te arrojaré por tierra; delante de los reyes te pondré para que miren en ti. Con la multitud de tus maldades, y con la iniquidad de tu contratación ensuciaste tu santuario: yo pues saqué fuego de en medio de ti, el cual te consumió, y púsete en ceniza sobre la tierra á los ojos de todos los que te miran. Todos los que te conocieron de entre los pueblos, se maravillarán sobre ti: en espanto serás, y para siempre dejarás de ser.

He sostenido conversaciones con gente que me han dicho que han visitado Iglesias, y que no vuelven a visitarlas, porque para escuchar música de salsa y reggaetón mejor la oyen en sus casas. Son personas que no son cristianos, pero que tienen el verdadero concepto de lo que significa o debe de significar la Iglesia. Imagínese usted; si los ancianos de la Iglesia que son los que deben de darle el primado a la verdadera adoración a Dios, son los primeros que lo que le interesa son los deseos de la carne, ¿qué se puede esperar de los miembros laicos? Parece que no se han aprendido bien la parte de Gálatas 5:16-17,

Digo, pues; Andad en el Espíritu, y no satisfagáis los deseos de la carne. Porque el deseo de la carne es contra el Espíritu, y el del Espíritu es contra la carne; y estos se oponen entre sí, para que no hagáis lo que quisiereis.)

Este tipo de líderes son los responsables de que la obra de Dios no crezca. Esta misma Iglesia es una que según tengo entendido antes de yo llegar para ayudarles en la música, era bastante grande en número, y se había reducido a un pequeño grupo de miembros y visitantes. Cuando la Iglesia opera en base de mecanismo y modernismo, y es dirigida por personas carnales, no importan los

207

esfuerzos del pastor, la Iglesia no crece. La Iglesia únicamente crece cuando es dirigida por el Espíritu Santo, y no en base a creencias, cultura, o gustos personales. En muchas Iglesias este tipo de oficiales no le permiten ni a los pastores, a desempeñar su trabajo como ellos quisieran. El trabajo de ellos debe ser ayudar al pastor, ya que él es el líder espiritual; el hombre que Dios ha puesto para guiar y dirigir la iglesia.

En muchas iglesias los oficiales se creen ser los dueños de la iglesia. Estos son el tipo de oficiales que no oran ni una hora a la semana, ni ayunan una vez al año. Están como la Iglesia de Éfeso en el libro de Apocalipsis capítulo 2, que perdieron el primer amor y solo sirven para ser reconocidos por las obras de la carne, y no le permiten al Espíritu Santo, a que obre y sea Él, el que dirija la Iglesia.

Durante los largos años que llevo sirviendo al Señor, he visto cómo muchas iglesias se han dividido, o los pastores han tenido que dejar de pastorear e irse, debido a este tipo de líderes. Esta clase de líderes no debieran de estar de líderes en la obra del Señor, ya que no llenan los requisitos que se encuentran bien claros en los libros de Timoteo, y de Tito, y otros libros en la Biblia. La frialdad en que viven la mayoría de los cristianos hoy día es una evidencia que refleja la falta de verdaderos líderes espirituales. Es preocupante porque, aunque todavía los hay, por lo visto quedan muy pocos y cada vez que pasa el tiempo menos.

Líderes espirituales como Paula Lorenza Lugo (Loren), mi madre, oraba 3 y 4 horas diarias, y ayunaba semanalmente, también era una mujer sabia en todos los aspectos. A pesar de haberse graduado con altos honores académicos de la Universidad Interamericana de Puerto Rico, y ser una mujer sumamente inteligente, era una mujer muy sencilla; y por su consagración a Dios, estaba llena de Su poder. La evidencia estaba en que cada vez que llegaba o era llamada para atender alguna persona que estuviera poseída por demonios, al ordenarles que salieran, los demonios inmediatamente salían. Recuerdo que hubo momentos que cuando la llamaban a algún hogar, desde antes de abrir la puerta los demonios por medio de las personas gritaban y decían, ¿para qué han traído esa señora aquí? ahora nos tenemos que ir. Nunca podré olvidarme, cuando yo tenía 10 o 11 años, había un señor que vivía en la vecindad y estaba poseído por demonios, lo encerraban clavando las puertas y ventanas con clavos, las destruía y se salía a correr atemorizando a toda la comunidad. Un día domingo llegó a la iglesia, entró y comenzó a dar voces; cuatro hermanos fuertes trataron de controlarlo, y no podían con sus fuerzas sobrenaturales; mi mama que como de costumbre se encontraba orando en el altar durante se conducía el culto devocional, al oír se puso de pie, y caminó hasta este hombre llamado don Víctor; le dijo a los hermanos que luchaban con él tratando de controlarlo, que lo soltaran; al soltarlo don Víctor se estuvo quieto; mi mamá pidió que le trajesen una silla, y le ordenó que se sentara; don Víctor se sentó mirando hacia el suelo; mi mama le dijo que la mirara, y don Víctor le contestó, no puedo; inmediatamente mi mama le ordenó a los demonios que lo controlaban que salieran de él, y lo dejaran libre; inmediatamente los demonios salieron de él, y quedó totalmente libre. Este hombre vivió después de esto muchos años, y nunca más fue poseído por demonios. Era una líder que con la sabiduría que tenía dada por Dios, cualquier problema que surgiese, siempre era resuelto en armonía para el bien de todos, y el beneficio de la obra de Dios. Era una verdadera maestra; no solo secular, sino también espiritual. Dios la usaba en sanidad Divina, en la ayuda a los necesitados y enfermos en la comunidad, fueran creyentes o no, etc.... etc.

Para escribir del trabajo de esta verdadera líder espiritual, y de todos sus impactantes testimonios y trabajos que desempeñó como líder, desde las batallas que sostuvo con el mismo diablo, y su experiencia de haber muerto y resucitado después de haber sufrido 3 derrames cerebrales, es para escribir varios libros. En uno de sus testimonios, estando con todo su lado derecho muerto y sin poder hablar ni media palabra debido a los derrames cerebrales y postrada en una cama por unos siete meses sin poderse sentar, y desahuciada por los médicos. En un milagro instantáneo, Dios la levantó, y todo su cuerpo comenzó a funcionar normalmente. Empezó a caminar y a hablar ¡Esto es un milagro total reconocido por los médicos! Quiero dejar claro que no fue a terapia física, en su condición ni eso se le pudo dar. Muchos meses más tarde, cuando la vieron caminar por los pasillos del hospital que la había mandado a morir a la casa, se iban a "caer de espaldas" como dice el dicho, sorprendidos de lo que estaban viendo, ya que según ellos ya hacía meses estaba supuesta a estar enterrada. Debido a esta misma condición antes de haber sido enviada a la casa, cuando estaba en el hospital, murió en 2 ocasiones. La primera muerte certificada por los médicos, muerta por 3 horas; y ya estando en la morgue, en espera de que la funeraria la viniera a recoger. Un empleado vio que la sábana que la tapaba se movía en la parte de la nariz, corrió a dar aviso que estaba viva. Inmediatamente la transportaron al cuarto de recuperación, y 5 médicos, algunos de los que ya la habían declarado muerta, bregaban con ella, y mientras bregaban ellos mismos decían, no entendemos esto: Se fue por segunda vez; esta vez por media hora; pero Dios la volvió a resucitar. Después de esto estuvo otros 25 años trabajando como siempre lo hizo, fuertemente en la obra del Señor. Por lo general cuando Dios tiene líderes espirituales de esta talla, son personas atacadas por el mismo Satanás. Por ejemplo, el testimonio del hermano Yeyé Ávila, en cómo Satanás trató de eliminar su gran ministerio, cuando el esposo de su hija le quitó la vida matándola con múltiples puñaladas. Lo que hizo este gran hombre de Dios fue; llegar a la prisión donde estaba el hombre que le quitó la vida a su hija, lo perdonó, y le dijo que Dios lo amaba. Por lo general este tipo de líderes espirituales, ya no se encuentran en casi ninguna iglesia.

Los siguientes son los requisitos de ancianos y obispos para los líderes en la obra del Señor. Tito 1-7-8-9,

> *Porque es necesario que el obispo sea irreprensible, como administrador de Dios; no soberbio, no iracundo, no dado al vino, no pendenciero, no codicioso de ganancias deshonestas, sino hospedador, amante de lo bueno, sobrio, justo, santo, dueño de sí mismo, retenedor de la palabra fiel tal y como ha sido enseñada, para que también pueda exhortar con sana enseñanza y convencer a los que contradicen. Todas las cosas son puras para los puros, más para los corrompidos e incrédulos nada le es puro; pues hasta su mente y su conciencia están corrompidas. Profesan conocer a Dios, pero con sus hechos lo niegan, siendo abominables y rebeldes, reprobados en cuanto a toda buena obra.*

en el versículo 13 de este mismo capítulo dice,

> *este testimonio es verdadero; por tanto, repréndelos duramente, para que sean sanos en la fe.*

Apocalipsis 7 dice, *El que tiene oído, oiga lo que el Espíritu dice a las iglesias.*

En cuanto al vestuario no me refiero a pantalón o traje, sino a vestir como nos enseña la palabra en 1 de Timoteo 2: 9, y a vestir honestamente y con vergüenza. Hoy día hay mujeres que entran a las iglesias con vestuarios bien provocativos y en ocasiones enseñándolo todo, y en la mayoría de las iglesias, ya eso es algo normal. No es que uno sea anticuado, ni que se vistan con trajes a los tobillos, sino más bien que se vistan como mujeres cristianas, de acuerdo con la palabra. Por ejemplo, si una mujer se viste de pantalón suelto, y una mujer se viste de un traje bien pegado y corto enseñándolo casi todo; ¿cuál de las dos está mejor vestida? Es triste decirlo, pero la mayoría de las Iglesias Evangélicas se han convertido en clubes de entretenimiento. Es esta la razón por lo que los dones del Espíritu ya no operan en la gran mayoría de las Iglesias. La prueba está que bastantes años atrás, usted entraba a la mayoría de las Iglesias, y los dones del Espíritu operaban en casi todos los servicios, don de lenguas, discernimiento, ciencia, interpretación de lenguas, sanidad divina, profecía y un mover genuino del verdadero poder de Dios. ¿Dónde está todo esto hoy día? ¿Y Por qué? El espíritu de Dios no opera en base a emociones o al gozo de la carne. No quiero decir con esto que no podemos emocionarnos o gozarnos, ya que es parte de nuestra naturaleza humana, pero en cuanto a lo espiritual hay que hacerlo como nos enseña la palabra. Dios quiere adoradores que le adoren en espíritu y verdad San Juan 4-23.

No sé si usted ha notado que, en la mayoría de las Iglesias, cuando están cantando música de esa bien movida y hasta cierto punto bailable, (pero no un baile en el Espíritu) usted ve gente hablando en lenguas y bien emocionados, pero cuando la música para, se acaban las lenguas y toda emoción. Lo escribo así, porque para mí, no es otra cosa que emociones, lenguas humanas o carnales, y gozo en la carne. Creo en el mover del Espíritu Santo, pero un mover genuino que con música o sin música, usted pueda sentir el Espíritu Santo, obrando y sanando, no solo lo físico, sino también el alma; redarguyendo, para que podamos ser llenos en verdad, y podamos salir edificados, sanados, restaurados y bendecidos. Todos estos comportamientos y los que voy a mencionar más adelante, son los causantes de que ya la mayoría de la gente haya perdido la Fe y el interés de visitar las iglesias. Yo garantizo, que las iglesias que todavía son una luz en el mundo, y dejan que el Espíritu Santo las dirija, la gente entra y salen verdaderamente bendecidos, sanados, física y espiritualmente. Son iglesias que se llenan, y es un gusto llegar a los servicios; provoca a que los miembros se interesen en invitar a la gente a que lleguen a los servicios, como es el caso de la iglesia Trinity International en Lake Worth FL, que tiene más de 7 mil miembros, y la dirige un gran hombre de Dios, el pastor Tom Peters. Este también es el caso de la iglesia Victory en Lakeland, FL que la dirige un gran hombre de Dios, el pastor Wayne M Blackburn; y no es una casualidad también tienen miles de miembros. Yo menciono que no es una casualidad, porque cuando los dones del Espíritu, por el sometimiento a Dios de parte del pastor y los líderes operan en la iglesia, los resultados son positivos. Por supuesto que años atrás había dogmas y creencias que no estaban de acuerdo con la palabra, pero sin la menor duda la Iglesia se ha ido de un extremo al otro. Hay cristianos que ni aún se le puede mencionar de estos cambios, se les nota un cambio de espíritu en su rostro, y defienden su posición diciendo que lo que pasa es que uno es un anticuado, que no ha aprendido que los tiempos cambian. Como ya mencioné, Hebreos 13:8, *Jesucristo es el mismo ayer, hoy y por todos los siglos.* En El no hay sombra de variación. En algunas cosas que tienen que ver con asuntos que no son espirituales tienen razón, hay que estar al día. Por ejemplo, las computadoras y los programas del Internet (bien usados) son buenos cambios para el progreso de la iglesia; pero en las espirituales no, si es que tenemos la mente de Cristo como nos enseña la palabra. 3 Juan 11, nos dice:

Amado, no imites lo malo, si no lo bueno. El que hace lo bueno es de Dios, pero el que hace lo malo no ha visto a Dios.

En Oseas 4: 6, dice la Biblia *Mi pueblo fue destruido porque le faltó conocimiento*. En el libro de Mateo 24: 12, la Palabra dice: *Y por haberse multiplicado la maldad, el amor de muchos se enfriará*. El verso 22, dice: *Y si aquellos días no fuesen acortados, nadie sería salvo; mas por causa de los escogidos, aquellos días serán acortados*. En los días que estamos viviendo, es bien notorio el ver como una gran cantidad de cristianos, tienen su vista puesta en las cosas que perecen. La Biblia nos enseña en Hebreos, 12: 2, *que nuestra vista tiene que estar puesta en el autor y consumador de nuestra Fe*.

Por qué como cristianos no debemos apoyar a los políticos que se han declarado enemigos de Dios.

Dependiendo de los puntos de vista políticos del lector, el contenido de esta información puede ser dulce o amargo. Lo que sí está garantizado, que lo que aquí he escrito, es totalmente una realidad, y no una realidad de cómo la pueda ver yo, sino en todo su contenido, lo que muestran la historia y los registros, al igual que la frialdad y el preocupante comportamiento de los cristianos hoy día. Una realidad que para muchos que tienen sus tradiciones y sus culturas bien arraigadas, se les hará muy difícil de tragar, tanto en lo espiritual, como en lo político. Escribo de lo político, porque de la misma manera que he de mencionar más adelante, de cómo una tarjeta de crédito puede afectar nuestra vida espiritual, de la misma manera cómo podemos darnos de cuenta, también las decisiones políticas afectan nuestra vida espiritual. Y aún peor ya están afectando en muchas maneras el trabajo de la iglesia. Los políticos mismos son los que se han encargado de la separación de la iglesia y el gobierno, ya que ha sido la astucia del mismo Satanás para silenciar la iglesia. También debo de informarle que lo que resta de esta información, no es que yo defienda partidos políticos, sino más bien lo establecido por Dios. Lamentablemente hay partidos políticos cuyas ideologías están en contra de lo establecido por Dios.

Y todo el que se oponga o legisle en contra de lo que Dios estableció, nunca tendrá mi respaldo, ni debiera tener el respaldo de ningún cristiano que profesa amar a Dios sobre todas las cosas. Digo amar a Dios sobre todas las cosas, porque por lo que he visto a la hora de ir a votar, los cristianos de hoy día están más interesados en que el político le promete beneficios sociales, aunque estos estén en oposición a lo establecido por Dios, para a ellos darle su voto. La información debe ser analizada con honestidad y transparencia si es que queremos ver y entender las realidades que como cristianos nos deben interesar, en el contexto bíblico, y no en el político. Digo el contexto bíblico y no el político, porque muchas cosas que están sucediendo hoy día, no solo en Washington D. C., sino también alrededor del mundo, y más en el medio oriente, tienen mucho que ver con el cumplimiento de la palabra de Dios. Hay supuestos cristianos que no se en realidad qué conocimiento de la palabra de Dios demuestran tener, ya que se jactan en decir que son liberales, y que están de acuerdo con las posturas políticas de los liberales. Para mí como cristiano, que triste y doloroso suena eso, ya que esto iguala a estar a favor del aborto, los Casamientos de homosexuales, y de toda la lista que es larga, de las cosas que aprueban y desaprueban los liberales.

Del conocimiento profético de las sagradas escrituras, ni los mismos políticos de hoy día saben dónde están parados. Es bien notable la gran diferencia entre los políticos de muchos años atrás, y los políticos de hoy día. Años atrás, todas las reuniones del congreso eran comenzadas con una oración. Cuando uno lee la constitución de este país, se puede dar de cuenta cómo fue hecha en base de la Biblia. Los políticos de antaño tenían bien en cuenta a Dios, aun en sus conversaciones y en casi todo lo que legislaron. Un ejemplo claro es que en la carta que entregó el presidente George Washington el día 3 de Octubre del año 1789, asignando el tercer día de

Noviembre de cada año, como el día en que la nación separe este día para darle gracias a Dios, por su gran providencia, sus favores, su misericordia, su protección, la tranquilidad, la unión, y por haber permitido escribir la constitución de esta nación para su seguridad y su felicidad: Estas son las palabras citadas que se encuentran en esta ordenanza. Cualquier persona que tenga el conocimiento bíblico, al leer esta ordenanza completa, se podrá inmediatamente dar cuenta del vocabulario y el conocimiento bíblico en que se expresa este presidente. También hay que mencionar, que esto fue una petición que le hiciera el mismo congreso al presidente Washington en el 1787 para que esta declaración fuera hecha. Los Demócratas de hoy día, en su gran mayoría no tienen en cuenta a Dios en nada; por el contrario, lo que tienen es una arrogancia de poder y creen estar por encima del Creador. Es por esto por lo que usted ve que les quitan el derecho a los cristianos de orar y hablar de Dios en las escuelas y otros lugares públicos, pero les otorga todo derecho a los homosexuales a expresarse y a comportarse libremente como ellos quieran. Es por esto por lo que no me cabe en la cabeza como los supuestos cristianos respaldan a tales legisladores. Por ejemplo, en toda la historia del congreso los comités los comenzaban reconociendo a Dios y juramentaron a los testigos jurando ante Dios. Estuve viendo en vivo una reunión de investigación por uno de estos comités dirigido por el demócrata Jerry Nadler, y eliminaron el reconocimiento y la juramentación ante Dios mencionada; uno de los republicanos protesto el que eliminaran lo establecido desde el principio del congreso, y el señor J. Nadler le contestó que el congreso no era una institución religiosa. Como cristianos debemos examinar los hechos de los políticos y no lo que hablan o escriben. Por ejemplo; en muchas ocasiones, especialmente en los debates presidenciales, por conveniencias políticas, buscando el voto de los cristianos informan que son cristianos, religiosos, y gente de Fe; sin embargo, los hechos dicen todo lo contrario. En un mismo debate alegan ser cristianos, y en el mismo debate cuando le preguntan si están de acuerdo con los abortos, ahora hasta los nueve meses, dicen que están de acuerdo. Alegan que son gente de Fe, pero a conocimiento mienten difaman y hacen todo lo que sea para derrotar sus enemigos políticos. La falta de conocimiento como he mencionado trae malos resultados; el mismo Dios dice mi pueblo perece por falta de conocimiento. Muchas veces cometemos errores por no tener el conocimiento, y no lo tenemos por la apatía o la falta de interés. Otras veces, aunque tenemos el conocimiento, no somos pensantes, y no analizamos los resultados de nuestras decisiones. Podemos usar como ejemplo a una persona que tiene una tarjeta de crédito; sabe que endeudarse le va a traer malos resultados, pero a la hora de usarla no lo analiza y hay veces que los resultados son catastróficos. Imagínese si son catastróficos, que van a la iglesia y ni pueden orar ni cantar con libertad y alegría, porque la preocupación que tienen por su situación económica no se lo permite. Esto nos enseña que hasta estas cosas que parecen insignificantes y pequeñas, nos perjudican nuestra vida espiritual, y aún nuestro gozo y paz interna.

El conocimiento que nos habla la palabra es un conocimiento Espiritual. Colosenses 1: 9 dice, *seáis llenos de sabiduría y Conocimiento Espiritual.* El cristiano que tiene conocimiento espiritual, no se deja enredar de los rudimentos del Mundo, ni pone sus convicciones y creencias políticas, por encima de las ordenanzas espirituales.

La siguiente ilustración es un ejemplo de cómo por la falta de conocimiento espiritual sufrimos malas consecuencias.

Había un hombre cristiano que vivía a la orilla de un río. Un día entero llovió fuertemente, y el río se desbordó, ya la casa se estaba

218

inundando. Pasó alguien en una yola y le ofreció que subiera a la yola para que no fuera a perecer. Él le contestó que no, que él confiaba que Dios no lo iba a dejar perecer. La creciente subió, y el señor se subió al techo de la casa; vino un helicóptero, y también rehusó que lo salvaran porque él confiaba que Dios lo salvaría. El señor se ahogó y llegó al cielo. Tan pronto se encontró con Dios le dijo; ¿Por qué dejaste que me ahogara? Yo tuve toda la fe en ti y no me salvaste. Dios le contestó: Yo le mandé una yola, después un helicóptero, y usted rehusó salvarse. Esto humorístico tiene una gran realidad y es tan simple como los resultados de la ignorancia. En tiempos antiguos había cristianos que rehusaban tomar Medicamentos, y en algunos casos ni una aspirina, porque ellos por la falta de conocimiento creían que ofenden a Dios por no tener fe. A saber, de cuántos sufrimientos se hubiesen evitado; ya que las medicinas son precisamente un medio que Dios permite; y que es precisamente Dios el que da la inteligencia para que sean encontradas, inventadas, o creadas. El mismo Dios en Jeremías 33-6 dice,

He aquí que yo les traeré sanidad y medicina; y los curaré, y les revelaré abundancia de paz y de verdad. Ezequiel 47-12, Y junto al rió, en la ribera, a uno y otro lado, crecerá toda clase de árboles frutales; sus hojas nunca caerán, ni faltará su fruto. A su tiempo madurará, porque sus aguas salen del santuario; y su fruto será para comer, y su hoja para medicina.

La Biblia es más que una universidad, contiene todo conocimiento no solo en lo espiritual, sino desde lo más simple de la vida, hasta lo más profundo, desde el comienzo del mundo hasta la eternidad. El que escudriña bien la Biblia que es la palabra de Dios, tiene suficiente conocimiento para tomar todas las decisiones correctas, mientras estemos aquí en la tierra, y no dejarse engañar de los medios de comunicación, y de políticos corruptos enemigos de Dios. Esto lo menciono ya que es claro en base a lo que algunos cristianos escriben por los medios sociales, y dejan claro sin ninguna duda que están faltos de conocimiento espiritual.

Lo siguiente, tiene que ver con nuestras decisiones políticas, que tienen que ver con nuestra vida espiritual. Teniendo el conocimiento de la palabra de Dios que tengo; (y no es que lo conozca todo) más bien quiero decir que tengo el suficiente conocimiento teológico para desceñir lo que es y no es aceptable ante Dios; y llevo muchos años, obteniendo conocimiento de las ideologías y creencias en conjunto con el historial de los legisladores en Washington. Es por esto por lo que para mí es sorprendente ver el número de cristianos que no solo votan por los candidatos Demócratas, sino cómo defienden su ideología y apoyan sus creencias. Basándome en la palabra de Dios ¿Cómo puede un cristiano apoyar a los demócratas que dicen que no tienen problemas en que una mujer aborte un bebe, aunque ya este casi por nacer? (porque si no ha nacido, como dijo Hillary Clinton, no tiene derechos constitucionales.) No sé ni que pensar de una persona con esa mentalidad. Mucho menos que pensar de un cristiano que apoye este tipo de enemigos de Dios. Hemos llegado al grado que hay políticos como el expresidente Obama y otros del partido demócrata, que están de acuerdo que si hacen un aborto y él bebe nace vivo, que lo pangan a un lado y lo dejen morir, ya que eso era lo planificado.

Las razones del por qué los cristianos toman esta posición de apoyar este tipo de políticos, son las siguientes: <u>Tradiciones, Cultura, Educación, Influencias, y Conveniencias</u>.

La siguiente información es lo que exactamente ambos partidos Demócratas y Republicanos apoyan y lo que ellos mismos proclaman.

Toda esta información puede ser verificada tanto en los registros del Congreso, como en diferentes medios de Internet. https://www.senate.gov/

También en los libros de historia que tienen que ver con las leyes y sus legisladores de este país; tanto los que han presentado las leyes, como los que votaron a favor o en contra de dichas leyes, y no por lo que nos informan los medios de prensa, que intencionalmente, mienten, informan en base a especulaciones, omiten informar ciertas verdades, y en otros casos a propósito, tuercen la información para acomodarla a su postura ideológica. Este es un ejemplo de muchos: Los republicanos y algunos demócratas conservadores se oponen al aborto por dos razones: Numero uno; Porque son provida; mejor dicho, no están de acuerdo que se maten esos seres vivientes. Número dos, que es la razón más importante para ellos oponerse. Que no quieren que se utilicen billones de dólares de los que pagan impuestos, para pagar por estos abortos anualmente. ¿Cómo los medios de prensa han torcido la noticia? Lo que ellos informan; número 1; que los republicanos quieren dictarle a las mujeres lo que pueden o no pueden hacer con su vientre; número 2, que las quieren prohibir de sus derechos. La realidad es que ellos creen que es inmoral y criminal, al igual que opuesto a lo establecido por Dios; Éxodo: 20-13; No matarás: 1 Samuel: Jehová mata, y él da vida, El hace descender al Seol, y hace subir. Hechos 17: 24-25,

El Dios que hizo el mundo, y todas las cosas que en él hay, siendo Señor del cielo y de la tierra, no habita en templos hechos por manos humanas, ni es honrado por manos de

*hombres, como si necesitase de algo; pues Él es quien da a
todos vida y aliento, y todas las cosas.*

Y como ya mencioné, que no se use el dinero de los que pagamos
impuestos para este propósito. Creo que está bien claro que, desde
antes de ser aprobados, siempre ha habido abortos; pero eran abortos
que los hacían sin el permiso del gobierno. Ahora gracias a los
demócratas, tienen permiso o licencia para ejecutar dichos abortos
que, de acuerdo con los informes, desde que se aprobaron estos
abortos ya han ejecutado más de 50 millones. Por lo ya informado
ni a mí, y de seguro a ninguno que es provida incluyendo los
legisladores, nos interesa dictarles a las mujeres lo que deben o no,
hacer con su vientre.

La plataforma política de ambos partidos

Lo siguiente; sin quitarle ni añadirle es la plataforma, y lo que ambos partidos Demócratas y Republicanos aprueban y desaprueban.

POSICIÓN DE REPUBLICANOS Y POSICIÓN DE DEMÓCRATAS

MATRIMONIO TRADICIONAL EN DERECHO FEDERAL

Apoya la ley federal de defensa del matrimonio (DOMA)

REP (SÍ) DEM (NO)

CLONACIÓN

Apoyar la clonación humana

REP (NO) DEM (SÍ)

SE OPONE AL ACTIVISMO JUDICIAL:

REP (SÍ) DEM (NO)

ENERGÍA

Perforación ampliada para petróleo.

REP (SÍ) DEM (NO)

VIDA HUMANA:

Apoye la protección de la vida de los niños que nacen vivos y sobreviven a un aborto fallido.

REP (SÍ) DEM (NO)

EDUCACIÓN HOMOSEXUAL:

Apoya el plan de estudios que promueve la homosexualidad

REP (NO) DEM (SÍ)

LIBERTAD EMPRESARIAL

Se opone a las leyes que obligan a las empresas a favorecer la homosexualidad:

REP (SÍ) DEM (NO)

SE OPONE AL ORGULLO GAY Y AL MATRIMONIO GAY

REP (SÍ) SE NEGÓ A APOYAR LA CELEBRACIÓN DEL ORGULLO GAY Y A LOS GAYS A CONSEGUIR EL MATRIMONIO

DEM (NO) APOYA GAY PARA CONSEGUIR MATRIMONIO Y CELEBRACIÓN.

JUVENTUD Y ABORTO

Apoya el transporte de niñas menores a través de las fronteras estatales en busca de un secreto

Aborto sin conocimiento de los padres:

REP (NO) DEM (SÍ)

DERECHOS DE ARMAS

Se opone a una prohibición de armas de asalto:

REP (SÍ) DEM (NO)

ABORTOS DE NACIMIENTO PARCIAL:

Se opone al aborto por nacimiento parcial:

REP (SÍ) DEM (NO)

MATRIMONIO TRADICIONAL EN ESTADOS:

Apoyar las enmiendas estatales al matrimonio

REP (SÍ) DEM (NO)

DERECHOS DE LOS PADRES EN LA EDUCACIÓN

Apoya las elecciones de los padres de escuelas en educación:

REP (SÍ) DEM (NO)

APOYO AL MATRIMONIO GAY:

REP (NO) DEM (SÍ)

Todas estas preguntas y respuestas deben ser analizadas de acuerdo con la palabra de Dios, y no a las politiquerías de gente corrupta, que no tienen el conocimiento de la palabra de Dios, y mucho menos temor de Él. Su único propósito es, saciar su propio ego y hacer dinero.

Está más que claro que la plataforma de los demócratas es la que aprueban todo lo que está en oposición a la palabra de Dios. Cuando hablo de la plataforma política, es porque esto es lo que este partido en su gran mayoría aprueba; más bien ésta es su ideología. Y como sabemos la ideología es un conjunto de ideas y forma de pensar que caracterizan a una persona. Hay una minoría de demócratas conservadores que no están de acuerdo, y una minoría de republicanos que son liberales y que sí están de acuerdo. En mi opinión, a este tipo de republicanos tampoco se le debería de dar el voto, ya que están al igual que los liberales legislando en oposición a lo establecido por Dios. Quiero aclarar que esa minoría de demócratas y republicanos a los que me he referido es a nivel estatal, porque en el senado y el congreso nacional hoy día no existen. Tampoco tengo problema en darles mi voto a los demócratas conservadores que rehúsan legislar y votar a favor de lo que está en oposición a lo establecido por Dios. El único problema de esto hoy día es, que es muy difícil por lo menos a nivel del congreso y el senado encontrar tan solo un demócrata conservador. Años atrás los había; creo que el último presidente un poco conservador fue el presidente Kennedy; pero los demócratas de hoy día a comparación con los de hace 40 años atrás han dado un giro de más de 180 grados, y se han convertido en enemigos de Dios y la iglesia. Lo que he visto de muchos cristianos es que lo único que tienen en la mente son los beneficios sociales que van por encima de las ordenanzas de Dios.

Como mencione antes mucha gente anda mintiendo para obtener los beneficios sociales ya mencionados; y hay muchos cristianos que andan por el mismo camino y haciendo lo mismo. Hay que escudriñar lo que enseña la palabra de Dios en referencia a lo ya informado.

> *2 Tesalonicenses 3: 6-12, Pero os ordenamos, hermanos en el nombre de nuestro Señor Jesucristo, que os apartéis de todo hermano que ande desordenadamente, y no según la enseñanza que recibisteis de nosotros. Porque vosotros mismos sabéis de qué manera debéis imitarnos; pues nosotros no anduvimos desordenadamente entre vosotros, ni comimos de balde el pan de nadie, sino que trabajamos con afán y fatiga día y noche, para no ver gravosos a ninguno de vosotros; no porque no tuviésemos derecho, sino por daros nosotros mismos un ejemplo para que nos imitaseis. Porque también cuando estábamos con vosotros os ordenamos esto: Si alguno no quiere trabajar que tampoco coma. Porque oímos que algunos de entre vosotros andan desordenadamente, no trabajando en nada, sino entre metiéndose en lo ajeno. A los tales mandamos por nuestro Señor Jesucristo, que, trabajando sosegadamente, coman su propio pan.*

La desobediencia será catastrófica

Cuando el Señor venga a levantar su iglesia habrá muchas sorpresas; muchos cristianos creen que practicando y viviendo como los mundanos serán levantados; es por esto que el mismo Señor nos da la advertencia; muchos serán llamados y pocos los escogidos.

Apocalipsis 13: 8 dice, *todos los moradores de la tierra cuyos nombres no estaban escritos en el libro de la vida desde la fundación del mundo, adoran la bestia.* ¿Qué quiere decir esto? Que Dios en su omnisciencia sabe desde antes de aun nacer quienes serán obedientes a sus ordenanzas, y quienes no lo serán. ¿Quiénes son los desobedientes que juegan el papel de religiosos, pero su corazón lejos está de Dios? Una lista de algunas cosas empezando por la idolatría. 1 Corintios 6:9-10, *¿No sabéis que los injustos no heredarán el reino de Dios? No erréis; ni los fornicarios, (ni los idólatras,) Ni los adúlteros, ni los afeminados, ni los que se echan con varones, ni los ladrones, ni los avaros, ni los borrachos, ni los maldicientes, ni los estafadores, heredarán el reino de Dios.*

 Definición de idolatría, ya que algunos piensan que arrodillarse ante las imágenes es solo ser idolatra. 1) Práctica religiosa en la que se rinde culto a un ídolo.2) Amor y admiración excesivos que se sienten por una persona o por una cosa; como por ejemplo el papa, reina Isabel, Obama etcétera.

Deuteronomio 4:15-18, Guardad pues mucho vuestras almas: pues ninguna figura visteis el día que Jehová habló con vosotros de en medio del fuego: Porque no os corrompáis, y hagáis para vosotros escultura, imagen de figura alguna, efigie de varón o hembra, Figura de algún animal que sea en la tierra, figura de ave alguna alada que vuele por el aire, Figura de ningún animal que vaya arrastrando por la tierra, figura de pez alguno que haya en el agua debajo de la tierra.

Colosenses 3: 1-17 Si, pues, habéis resucitado con Cristo, buscad las cosas de arriba, donde está Cristo sentado a la diestra de Dios. Poned la mira en las cosas de arriba, no en las de la tierra. Porque habéis muerto, y vuestra vida está escondida con Cristo en Dios. Cuando Cristo, vuestra vida, se manifieste, entonces vosotros también seréis manifestados con él en gloria. Haced morir, pues, lo terrenal en vosotros: fornicación, impureza, pasiones desordenadas, malos deseos (y avaricia, que es idolatría;) cosas por las cuales la ira de Dios viene sobre los hijos de desobediencia, en las cuales vosotros también anduvisteis en otro tiempo cuando vivíais en ellas. Pero ahora dejad también vosotros todas estas cosas: ira, enojo, malicia, blasfemia, palabras deshonestas de vuestra boca. No mintáis los unos a los otros, habiéndoos despojado del viejo hombre con sus hechos, y revestido del nuevo, el cual conforme a la imagen del que lo creó se va renovando hasta el conocimiento pleno, donde no hay griego ni judío, circuncisión ni incircuncisión, bárbaro ni escita, siervo ni libre, sino que Cristo es el todo, y en todos. Vestíos, pues, como escogidos de Dios, santos y amados, de entrañable misericordia, de benignidad, de humildad, de mansedumbre, de paciencia; soportándoos unos a otros, y perdonándoos unos a otros si alguno tuviere queja contra otro. De la manera que Cristo os perdonó, así también hacedlo vosotros, Y sobre todas estas cosas vestíos de amor, que es el vínculo perfecto. Y la paz de Dios gobierne en vuestros corazones, a la que asimismo fuisteis llamados en un solo cuerpo; y sed agradecidos. La palabra de Cristo more en abundancia en vosotros, enseñándoos y exhortándoos unos a otros en toda sabiduría, cantando con gracia en vuestros corazones al Señor con salmos e himnos y cánticos espirituales. Y todo lo que hacéis, sea de palabra o de hecho, hacedlo todo en el nombre del Señor Jesús, dando gracias a Dios Padre por medio de él.

Todos los desobedientes que practican el pecado, y no quieren escuchar, ya que oír es una cosa y escuchar es otra, son los que sus nombres no están escritos en el libro de la vida. La razón de los desobedientes la encontramos en Filipenses 3: 18-19,

Porque por ahí andan muchos, de los cuales os dije muchas veces, y aun ahora lo digo llorando, que son enemigos de la cruz de Cristo; (el fin de los cuales será perdición,) cuyo dios es el vientre, y cuya gloria es su vergüenza; que sólo piensan en lo terrenal.

Una cosa es cometer un pecado, o un pecado involuntario, y otra pecar voluntariamente, o practicar el pecado. Esto está claro en 1 Juan 1: 8,

Si decimos que no tenemos pecado, nos engañamos a nosotros mismos, y la verdad no está en nosotros. 1 Juan 3: 8-9, El que practica el pecado es del diablo; porque el diablo peca desde el principio. Para esto apareció el Hijo de Dios, para deshacer las obras del diablo. Todo aquel que

es nacido de Dios, no practica el pecado, porque la simiente de Dios permanece en él; y no puede pecar, porque es nacido de Dios.

Debemos examinar palabra por palabra lo citado, a ver a cuál o a cuáles de las ordenanzas desobedecimos y practicamos. Por ejemplo; el pontífice de la iglesia católica en el 2008 expreso que estaba disgustado con los católicos de este país por haber optado votar por el Señor Barack Obama, sabiendo que su recomendación fue que no votaran por él, por su posición con el aborto. Conozco cristianos que, aunque muchos de sus pastores le recomendaron que no votaran por el Señor Obama, por la misma posición del Papa, me dijeron que votarían por el Señor Obama porque el país necesitaba un cambio. Un cristiano me hizo la siguiente declaración: Hay que votar por un cambio y expresó; "Yo no voto por el Señor McCain por ninguna razón; el Señor McCain escogió a una candidata que tuvo un romance con otra persona. Mi información fue la siguiente, ningún medio de prensa ha dado eso como un hecho, lo alegado fue por el periódico "Enquire;" y ya todos conocen ese tipo de información, que no fue otra cosa más que difamación con el propósito de dañar políticamente buscando asegurarle la victoria al Partido Demócrata. Le informé, el peligro de creer en este tipo de información; ya que, como él, hay gente que no tiene la información bien clara. La Señora Sarah Palín, es una mujer cristiana, que asiste a las iglesias de las Asambleas de Dios, y que una de las cosas que fue acusada por la campaña del Sr. Obama, fue por un grupo de 30 personas que fueron hasta Alaska, para investigar y buscar a ver cuánta tierra podían echarle, y el informe que dieron fue, que ella era una evangélica de una Iglesia que hablaban lenguas. Bien recuerdo el día que dieron la noticia, porque el que dio esta noticia comenzó a imitar el hablar en lenguas burlándose de los evangélicos de la misma manera que algunos han tenido el atrevimiento y se han burlado de su pequeño hijo que nació con un síndrome de anormalidad, porque ella no cree en el aborto. Eso lo informaron porque para ellos eso no es aceptable. Para la prensa liberal los evangélicos somos unos locos ignorantes. Esta Iglesia salió en las noticias el día 15 de Diciembre, porque precisamente los opositores políticos le dieron fuego y la quemaron. Y es cierto que algunos del mismo partido Republicanos no la apoyaron, porque la consideran de extrema derecha; pero para los buenos conocedores sabemos lo que esto significa. En mi opinión se necesitan políticos como Sarah Palin, para que salgamos de la desvergüenza en que estamos viviendo y entremos de nuevo en la vergüenza y a los principios en que fue fundada esta nación. No porque yo haya oído en el show del Señor Snichttsh que la Señora Sarah Palín es evangélica lo di por un hecho, porque la escuche en una grabación en una Iglesia de las Asambleas de Dios, en una parte que le dieron escuché sus expresiones, la oración que hizo, y la forma en que habló. Siendo conocedor de quien se puede hacer pasar por cristiano o no, no tengo la menor duda que esta es una mujer cristiana.

Por lo ya explicado y lo que voy a informar, no me queda la menor duda de la falta de conocimiento que tienen una gran cantidad de cristianos. De otra manera cómo es que se puede explicar las decisiones políticas a favor de gente que están en contra de todo lo establecido por Dios, y se van en contra de personas que por lo menos están de nuestro lado; mejor dicho, del lado de la iglesia de Cristo. Un ejemplo es el siguiente; Los supuestos cristianos no les importa ni comentan la posición del Señor Obama, que aparte de haber aceptado estar de acuerdo con el aborto y de haber votado en su Estado de Illinois a favor de quitarle la vida a un bebé que sobreviva un "botched abortion," (un aborto parcial) tiene también un récord en el congreso de ser el Senador más liberal de todo el congreso aquí en Estados Unidos. No solo a favor del aborto también el responsable de los casamientos de personas del mismo sexo, y de muchas cosas que van en contra de la palabra de Dios. Todo esto aparece en los registros de la historia del Señor Obama.

La siguiente información es una evidencia que los cristianos andan siguiendo tradiciones y la información de la prensa liberal en referencia a las decisiones políticas. Con toda honestidad, ¿quién conocía al señor Obama antes de ser electo presidente? ¿Que resume en realidad tenía como para ser presidente? La contesta honesta es nadie, y nada en su resume como para ser presidente de esta nación. La señora Palín tampoco era conocida, pero si tenía mejor resume que el mismo Obama en cuanto a la política, ya que aparte de haber tenido unos importantes puestos políticos en su estado de Alaska, también era la gobernadora de este estado con una popularidad de un 75% de aprobación. El hecho de que la prensa liberal solo atacara a la señora Palín como que no estaba capacitada, si hubiese tenido que asumir la presidencia, es otra muestra de cómo ellos manipulan la ciudadanía a que salgan elegidos aquéllos que piensan únicamente como ellos. En cuanto a lo que tiene que interesarnos como cristianos, el resume de la señora Palín era el que llenaba los requisitos. Aparte de que su posición no era ni para la presidencia, pero por su postura de buena conservadora, la prensa le cayó arriba, al igual que lo hicieron muchos cristianos. Conociendo la palabra de Dios y la ideología del partido demócrata, y ya que es la mayoría en ambas cámara y la presidencia, será muy tarde de todas las decisiones que tomará este presidente, que estarán en contra de la palabra de Dios. No hay que ser adivino, esa es y ha sido la postura del partido Demócrata en los últimos 50 años; y mientras más liberales sean más daño causarán. Este presidente Obama por su récord y su postura estará dando órdenes ejecutivas y haciendo cosas que van en contra de lo establecido por Dios; y estoy seguro de que los cristianos que lo ayudaron a que fuera electo, seguirán caminando tranquilos, como que aquí no ha pasado nada. Para mi forma de verlo espiritualmente, van caminando ellos mismos como corderos al matadero. Los registros están bien claros que los Demócratas son los responsables de que se hayan quitado la Biblia y las oraciones de las escuelas. Son los Demócratas los que apoyan a que no se pueda hablar de Dios ni aún en los pasillos de las escuelas. Son los Demócratas los que apoyan que se le dé enseñanza de sexo, y pastillas para que las jóvenes menores no queden embarazadas; y también son los Demócratas los que aprueban a que si quedan embarazadas se les practique un aborto, con o sin el permiso de los padres.

Una de las cosas peores y también una prueba de lo aquí informado es que desde que aprobaron los abortos ha habido una guerra entre Demócratas y Republicanos, que cada día es más peleada en Washington, porque los Republicanos se oponen a que estos abortos se paguen con el dinero de los que pagamos impuestos. Para mí es inaceptable, aunque obligatorio, que como cristianos, y todos los que no están de acuerdo, por ley tenemos que contribuir a tales pecados gracias a los Demócratas. Ellos han adornado este pecado con el nombre de planificación familiar, de esta manera se le hace más fácil engañar a la población que rehúsa de informarse solo siguiendo tradiciones. Es una gran pena que los cristianos estén anclados respaldando tales legisladores. Son también los Demócratas los que aprueban el matrimonio de lesbianas y homosexuales, los abortos y todo lo ya mencionado. Ya aquí en los Estados Unidos han aprobado estos mencionados matrimonios, y todos bajo la aprobación de legisladores, la firma de gobernadores demócratas y la aprobación de la corte suprema. Si la ideología de ambos partidos no cambia serán siempre los Demócratas los que seguirán aprobando estos tipos de leyes hasta que logren convertir el país en lo que casi es; Sodoma y Gomorra. Los cristianos que apoyan a todos estos políticos están directa o indirectamente siendo partícipes de todos estos crímenes y pecados. En referencia al aborto le llamo crímenes porque desde que comienza a latir ya es un ser viviente y destruirlo es matarlo. A mí no me cabe en la cabeza cómo es que con tanta facilidad matan millones de seres indefensos y mucho menos como los llamados cristianos apoyan con su voto a estos legisladores asesinos; y después se van a las iglesias a cantar Cristo ya viene, me voy con. El poner liberales en el Congreso y en la Casa Blanca, es el gran riesgo de que jueces liberales sean nominados para esos puestos, que según las noticias pronto habrá vacantes de por lo menos 2 a 3 jueces, que, si es el caso, serán mayoría, y les aseguro que pobre de la Iglesia y la gente conservadora. Todos sabemos cómo los ministros vienen predicando enfáticamente que vendrá persecución contra la Iglesia, ya que esto es precisamente lo que nos enseña la Palabra de Dios.

La persecución contra la Iglesia

Un gran pastor Bautista e historiador, explicó lo siguiente: Desde el año 1947 en este país los liberales vienen luchando para terminar con todo principio cristiano.

En el año 1962 la Señora liberal y atea natural del estado de Texas, Madalyn Murray O'Hair recogió miles de firmas, y luego fue a los tribunales demandando que se quitaran las Biblias y las oraciones de las escuelas públicas; y la corte compuesta de jueces liberales en su mayoría, votaron 6 a 1 a favor de la petición de la Señora O'Hair.

En otra demanda en Enero del 2005 por la señora Kay Stanley, una abogada que también trabajaba en bienes y raíces, demandó en Houston Texas, que la Biblia fuera removida de la corte en el condado Harris de dicho estado. La corte compuesta por un juez liberal otorgó su petición y ordenó que la Biblia fuera removida. En una apelación a esta demanda por oficiales locales; la corte de circuito de los Estados Unidos en la Ciudad de New Orleans Luisiana, con una mayoría de Jueces liberales, en Agosto 25 del mismo año, sostuvo esa decisión con votación de 8-1. Y como ya todos sabemos, ya no se juramenta poniendo la mano derecha ante la biblia. Hubo otras demandas como las familias de Hyde Park en el estado de New York, que hicieron una demanda similar a la de la Señora O'Hair en el año 1963, y otra demanda en el mismo año por el señor Ed Schempp en Philadelphia PA; la de este para que no se

237

permitiera la lectura de la Biblia en las escuelas. Organizaciones como las ya mencionadas que ponen estas demandas, si estas demandas llegan a la corte superior, y la corte superior falla a favor de estas demandas, aunque sean locales o estatales, se convierten en leyes nacionales que afectan a todos los estados. Este fue el caso de las dos últimas demandas mencionadas, ya que la corte suprema unió las dos demandas votando 6-1 a favor de los demandantes, convirtiendo la ley en una ley Nacional. Por esto es por lo que vemos en todos los juicios los abogados los fiscales y los jueces, usan otras decisiones tomadas por los tribunales, como guías para tomar sus decisiones.

Los liberales han logrado quitar las oraciones de las escuelas, y está prohibido hablar de la palabra de Dios, aún en los pasillos. Lo que sí es permitido es enseñar sexo desde una temprana edad. La Biblia no es permitida, pero sí es permitido darles pastillas anticonceptivas a las jóvenes para que puedan tener sexo libremente y no queden embarazadas. Ya hay escuelas que han aprobado que a un padre no haya que informarle que, a su hija menor de edad, se le está dando estas patillas. Aún peor, ya hemos llegado al grado que tampoco hay que informarle que su hija menor va a tener un aborto. Los liberales seguirán luchando contra todo principio cristiano. Son los demócratas los que han aprobado todos estos ideales, y los que aprobaron el que todas estas cosas se estén llevando a cabo; ya todo lo mencionado lo han logrado, y ahora quieren quitar entre otras cosas, "In God we Trust", de la moneda.

Todo esto que está pasando comenzó de la siguiente manera: En el 1802 el presidente Thomas Jefferson, por unas intromisiones del gobierno federal contra de una iglesia Bautista, en el estado de Connecticut, por medio de una carta le pidió al congreso que legislará una ley para que hubiera una separación entre el estado y la iglesia. Claramente su intención fue proteger la práctica de la religión y sus doctrinas que se encuentran claras en la enmienda que precisamente el congreso hizo en base a esta petición. Todo esto cambió cuando un juez liberal; Hugo Black, en el año 1947 interpretó que la intención del presidente Jefferson fue de poner una pared entre el gobierno y la iglesia. Esta interpretación que hasta este día está en discusión, ha sido la base de los liberales demócratas para haber hecho las demandas mencionadas, y todo lo que han hecho después de estas demandas. Por ejemplo, han hecho muchas demandas las cuales todas han sido otorgadas, como remover cruces de lugares, aun pinturas de cuadros, prohibir árboles de navidad en establecimientos y propiedades del gobierno, incluyendo el decir Merry Christmas; y aun los mandatos a las instituciones religiosas de proveerles las pastillas de anticonceptivos a las mujeres que aparecen en la ley de Obama Care. Lo que quiere decir, que es inaceptable que un cristiano ponga como primado los asuntos políticos, beneficios personales y tradiciones, que las cosas espirituales. No es en balde que la palabra de Dios nos dice que muchos serán llamados y pocos los escogidos. Todo el que hace y practica lo que está en contra de la palabra de Dios, no puede tener nuestro respaldo, ni aún tenerlo como amigo; Dice la palabra de Dios en Santiago 4: 3-5,

> *"Pedís y no recibís porque pedís mal para gastar en vuestros deleites, <u>¡Oh almas adúlteras!</u>, <u>¿no sabéis que la amistad del mundo es enemistad contra Dios?</u> Pensáis que la Escritura dice en vano: ¿Es espíritu que él ha hecho morar en nosotros nos anhela celosamente?*

Yo puedo ver con claridad cómo la gente de este mundo se va alejando de todo principio, y van abrazando todo lo que precisamente está en oposición a la palabra de Dios. Lo más doloroso es ver cómo los cristianos van siguiendo el compás del mundo. Marcos 8-18 dice; teniendo ojos no ven, teniendo oídos no oyen. Quiero informar que he estado en Iglesias de las Asambleas de Dios Americanas, y que tanto las Iglesias como la organización sin estar directamente envueltos en la política, por sus mensajes e información, dejan bien claro su postura, en que no respaldan ningún legislador que legisle a favor de todo lo ya mencionado. Muchos cristianos hoy, por lo que se ve, no demuestran tener temor a Dios. Yo digo que son nubes sin agua, son ríos secos, son Cisternas vacías.

Proverbios 25:14, Como nubes y vientos sin lluvia, así es el hombre que se jacta de falsa liberalidad.

El verdadero cristiano busca las cosas eternas y no las terrenales.

Filipenses 3: 17-19, "Hermanos sed imitadores de mí, y mirad a los que así se conducen según el ejemplo que tenéis en nosotros. Porque por ahí andan muchos, de los cuales os dije muchas veces, y aún ahora lo digo llorando, que son enemigos de la cruz de Cristo; el fin de los cuales será perdición cuyo dios es el vientre, y cuya gloria es su vergüenza; que solo piensan en lo terrenal.

No tengo la menor duda que en algunos casos la ignorancia, y en otros el pecado, nos han llevado a tiempos muy malos y peligrosos. Informo esto porque hay muchos cristianos que solo piensan en lo material, y aunque tienen el conocimiento de a quien les están dando el voto, lo material tiene más valor que las cosas espirituales, y en casos hasta más valor que la salvación de sus almas. En otros casos hay cristianos que en realidad no saben ni a quien le están dando el voto, lo hacen únicamente porque pertenecen a su partido, y por la influenza que reciben de la prensa liberal. Este será el resultado de la ignorancia y la desobediencia a Dios, y las tradiciones que vienen arrastrando desde su niñez.

No sé cómo muchos cristianos no se pueden dar de cuenta que, en las últimas décadas, cada vez que los liberales han sido la mayoría en el congreso, han estado legislando y llevado al país cada día a la oposición a todo lo establecido por Dios. Si observamos la plataforma política de los demócratas y sus creencias en conjunto con su historial, no hay que ser un experto para ver lo que viene cuando toman el poder. Lo que viene de parte de estos legisladores en relación con las cosas espirituales es garantizado que nunca son buenas. De ninguna manera gente corrupta, espiritual y moralmente hablando, pueden dar buenos frutos. Por ejemplo; cuando el ex-Presidente Bill Clinton, corrió para la presidencia en su primer término, había unos 800,000 homosexuales, que los medios de comunicación presentaron, exigiendo que se reconocieran sus derechos. El presidente Clinton les prometió, que, si era electo presidente, él firmaría la ley que le otorgaría sus derechos; ley que firmó al inmediatamente ser electo. Después de que el Sr. Clinton firmó la ley salieron del closet millones de homosexuales y lesbianas. Después de esta ley ser firmada, los pastores, desde el púlpito tienen que tener mucho cuidado como atacan este pecado, ya que pueden ser demandados por cualquiera de este grupo; y no piensen que exagero; ya ha sucedido.

El día 15 de Noviembre, 2008, gracias a la ley firmada por este presidente, presentaron en las noticias de Univisión en el Estado de California, miles de lesbianas y homosexuales exigiendo que el Estado tiene que permitir que ellos se casen. Vergüenza de haber visto a un padre en esa protesta, con una camiseta que decía; mi hija es lesbiana y yo el apoyo. Cuando la prensa lo entrevistó dijo; ella tiene derecho a que la dejen casarse con su compañera. Estos son los resultados, de votar y poner liberales en el Congreso y la Casa Blanca. Todos conocemos, de la historia del ex-presidente Clinton, que ha sido moralmente el presidente más inmoral que ha pisado la casa Blanca; no solamente por todo lo que se probó que hizo con la Mónica Lewinsky, sino que también le mintió a la nación bajo juramento, y es el responsable de todas estas manifestaciones de los llamados gay.

Hay cristianos que se dejan engañar, escuchando algunos medios de comunicación, y también políticos, los que con toda mala intención inventan calumnias, y la gran mayoría de las veces en base a especulaciones. Estas son algunas de las razones por lo que algunos cristianos prefieren darle el voto a candidatos que han confesado y han votado a favor del aborto, y de otro sinnúmero de cosas ya mencionadas que van en contra de la palabra de Dios. A mí no me cabe en la cabeza, el que un verdadero cristiano rechace, hombres y mujeres que abrazan lo que está de acuerdo con lo establecido por Dios, pero no tienen ningún problema dándole el voto a los que se han declarado con sus hechos enemigos de Dios. Me deja claro que los resultados serán catastróficos; y también es una prueba que demuestra la falta de conocimiento, o de lealtad a Dios por parte de muchos cristianos. La ignorancia es tan grande que hay cristianos que se jactan en decir que son liberales. El ser liberal y estar de acuerdo con ellos, es el equivalente a estar en contra de lo establecido por Dios. Como ya mencioné la ideología es un conjunto de ideas y de formas de pensar; entonces pregunto; ¿Cómo un cristiano puede estar en acuerdo con la ideología de los Demócratas? la palabra de Dios nos enseña en 1 de Timoteo 5:22,

a no participar en pecados ajenos y a mantenernos puros.

Los liberales llaman a los abortos y al, homosexualismo parte de los asuntos morales, pero en realidad no es tan simple como ellos lo ponen. La Biblia le llama pecado, y pecados son dignos de muerte. Esto no quiere decir que alguien les quite la vida, está hablando de condenación eterna. . Más bien, con sus hechos se han ganado el infierno.

> *2 Pedro 3:5-7, Estos ignoran voluntariamente, que en el tiempo antiguo fueron hechos por la palabra de Dios los cielos y la tierra, que provienen del agua y por el agua subsiste, por lo cual el mundo de entonces pereció anegado en agua; pero los cielos y la tierra que existen ahora, están reservados por la misma palabra, guardados para el fuego en el día del juicio y de la perdición de los hombres impíos.*

> *Apocalipsis 21-8, Pero los cobardes e incrédulos, los abominables y homicidas, los fornicarios y hechiceros, los idólatras, y todos los mentirosos tendrán su parte en el lago que arde con fuego y azufre, que es la muerte segunda. En 1 Corintios 6: 9-15 ¿No sabéis que los injustos no heredarán el reino de Dios? No erréis; ni los fornicarios, ni los idolatras, ni los adúlteros, ni los afeminados, ni los que se echan con varones, ni los ladrones ni los avaros ni los borrachos, ni los maldicientes, ni los estafadores, heredarán el reino de Dios. Y esto erais algunos; más ya habéis sido lavados, ya habéis sido santificados, ya habéis sido justificados en el nombre del Señor Jesús, y por el Espíritu de nuestro Dios.*

En la Epístola de Efesios 5: 6-17 dice,

> *Nadie os engañe con palabras vanas, porque por esto viene la ira de Dios sobre los hijos de desobediencia. No seáis pues partícipes con ellos. Porque en otro tiempo erais tinieblas, más ahora sois luz en el Señor; andad como hijos de luz. (Porque el fruto del Espíritu es en toda bondad justicia y verdad, comprobando lo que es agradable al Señor.Y no participéis en las obras infructuosas de las*

tinieblas, sino más bien reprendedlas; porque vergonzoso es aún hablar de lo que ellos hacen en secreto. Más todas las cosas, cuando son puestas en evidencia por la luz, son hechas manifiestas; porque la luz es lo que manifiesta todo. Por lo cual dice: Despiértate, tú que duermes, Y levántate de los muertos, Y te alumbrará Cristo. Mirad, pues, con diligencia cómo andéis, no como necios sino como sabios, aprovechando bien el tiempo, porque los días son malos. Por tanto, no seáis insensatos, sino entendidos de cuál sea la voluntad del Señor.

De acuerdo con la palabra de Dios en 1 de Juan 1:10,

Si decimos que no hemos pecado, le hacemos a El mentiroso, y Su palabra no está en nosotros.

Pero una cosa es cometer un pecado involuntario y otra es la práctica de tales pecados, como lo señala este mismo libro 1 Jua 3: 8-10,

El que practica el pecado, es del diablo; porque el diablo peca desde el principio. Para esto apareció el Hijo de Dios, para deshacer las obras del diablo. Cualquiera que es nacido de Dios, no practica el pecado, porque su simiente está en él; y no puede pecar, porque es nacido de Dios. En esto son manifiestos los hijos de Dios, y los hijos del diablo: cualquiera que no hace justicia, y que no ama a su hermano, no es de Dios.

El pecado del homosexualismo la palabra de Dios lo clasifica, como hechos vergonzosos y dignos de muerte. Tengo que recordarles, que por este pecado fue que Dios, redujo a Sodoma y Gomorra y las ciudades vecinas a ceniza, las cuales de la misma manera que aquellos, habiendo fornicado e ido en pos de vicios contra naturaleza, fueron puestas, por ejemplo, sufriendo el castigo del fuego eterno. Esto se encuentra en Judas 1:7,

Como Sodoma y Gomorra, y las ciudades comarcanas, las cuales de la misma manera que ellos habían fornicado, y habían seguido la carne extraña, fueron puestas por ejemplo: sufriendo el juicio del fuego eterno.

La palabra de Dios es clara por eso es por lo que como ya he mencionado no puedo entender, cómo es que hay cristianos que se atreven declarar que son liberales y que apoyan a los liberales que le han declarado guerra a Dios, y le están sirviendo de instrumentos a Satanás. No hace tantos años atrás este estilo de vida no era aceptable abiertamente en ninguna sociedad; pero desde hace unos años para acá, el diablo se ha encargado de usar gente corrupta como los liberales presidentes, Bill Clinton y Barak Obama, y gente que usan las influencias que tienen en la radio y la televisión, y con la ayuda de otros políticos también corruptos al igual que ellos, a que la sociedad acepte lo que es totalmente opuesto a lo establecido por Dios. En los días en que estamos viviendo, se está promoviendo este pecado y el aborto como algo normal, que la sociedad debe que aceptar. En un programa por cierto muy famoso de la televisión latina observé lo siguiente: El propósito del programa era, educar a la gente a que teníamos que entender que esto hoy día es algo normal. Al programa fueron unos expertos en la materia, titulados sicólogos, también fue invitada una madre de un homosexual, para según ellos educar a la sociedad. Para promover la aceptación del homosexualismo, esta madre dijo que cuando ella se enteró de que su hijo era gay, se puso muy mal, y que no aceptaba de ninguna manera que su hijo fuera gay. Según lo expresado por ella, estuvo rebelde ocho años, a no aceptar ese estilo de vida de su hijo por ninguna razón. Sin embargo, ella contó que había ido a terapia, y que la habían convencido de que eso no era nada malo; que eso no era otra cosa que falta de educación de su parte, y de todo el que no podía entender que esto es algo normal. Por supuesto esto deja claro que, para estos psicólogos y esta señora, llevarle la contraria a lo establecido por Dios es normal. Este tipo de promoción por parte de gente que se han revelado contra Dios, ya se ve muy a menudo en la radio y la televisión. Este mismo presentador famoso, presentó al famoso cantante y ya declarado gay, Ricky Martín, el cual ya había sido entrevistado por otra periodista en otro programa, y había declarado que él estaba feliz de que Dios lo había hecho así. También declaró, contestando a una pregunta que le hizo este presentador, ¿que cómo era que él podía explicar que en el pasado él amaba las mujeres, y ahora amaba a los hombres? El señor Martín le contestó que Dios le había dado el regalo de poder amar a las mujeres y también a los hombres. Contrarrestando este tipo de promoción, le envié una carta a este presentador; y aparte de informarle lo antes escrito de lo que exactamente dice la palabra de Dios, donde menciona que los que practican estos pecados, que son abominación a Dios, son dignos de muerte.

La siguiente información es muy importante de analizar. Desde el vientre de nuestra madre, ya hemos heredado el germen del pecado, no solo el del homosexualismo sino de todo pecado. La excusa que usan todos los que defienden a los homosexuales es que ellos no tienen la culpa porque nacieron así. Por la siguiente información, no tienen ninguna excusa, nacieran o se hicieran así. Por ejemplo: Hay homosexuales, que dicen que nacieron así; otros se hicieron así, y las dos cosas son posibles. Hay que entender que desde el vientre de la madre heredamos los genes de nuestros familiares hasta de los antepasados. Hay quienes heredaron a sus padres, o aun a familia del pasado: Es por esto por lo que decimos que son igualitos al papa; muchos heredaron en ser mujeriegos, borrachos, blasfemos, mentirosos, estafadores, y hasta guapetones; la lista es larga; pero sea que nacieron así o que se hicieron no está a la discusión, fuese como fuese, precisamente a esto fue que vino Cristo a la cruz, para morir por todos los pecadores. El deber de todo pecador incluyendo a los homosexuales es arrepentirse de sus pecados, aceptar el sacrificio de Jesús y cambiar como lo hizo el hermano de Víctor Manuel, el famoso cantante de salsa Puertorriqueño; el cual practicaba este mismo pecado, que también fue presentado en otro programa de este mismo presentador, dando un testimonio claro de cómo Dios lo transformó, que comprueba lo aquí informado. Como este testimonio hay muchos otros testimonios; algunos que yo personalmente conozco, y otros que también este mismo presentador de televisión ha presentado en otros programas a nivel nacional. La palabra de Dios en referencia a esto dice: 1 Corintios 6: 9-11,

¿No sabéis que los injustos no heredarán el reino de Dios? No erréis; ni los fornicarios, ni los idólatras, ni los adúlteros, ni los afeminados, ni los que se echan con varones, ni los ladrones, ni los avaros, ni los borrachos, ni los maldicientes, ni los estafadores, heredarán el reino de Dios. (Como una prueba de lo ya informado, termina diciendo) *Y esto erais algunos; más ya habéis sido santificados, ya habéis sido justificados en el nombre del Señor Jesús, y por el Espíritu de nuestro Dios.*

Deja claro que es cuestión de arrepentimiento y cambio.

Bajo la excusa de que nacieron así, quiere decir que los que nacieron ladrones, o mujeriegos, estafadores etcétera, no se deben culpar porque no tienen culpa de haber nacido así.

La información de Ricky Martín, de que Dios lo hizo así, es totalmente errónea; tal vez diabólica, o una gran ignorancia de su parte. Yo me pregunto; ¿Dónde está la voz de la Iglesia? La iglesia está dejando que todo este tipo de ataque de parte de las tinieblas se propague, y no hay una voz que se levante y contrarreste este tipo de enseñanza. Yo creo que hoy día, se necesitan muchos más cristianos de la talla del hermano Yeyé Ávila, y el hermano Jorge Rasky. Sé que para muchos hoy día el citar lo que nos enseña la palabra de Dios, nos convierte en discriminadores, o fanáticos locos. Pero yo cito lo que exactamente está escrito en su palabra. De ninguna manera discriminar en contra de nadie, como le digo a mis hijas, si algún día alguien de ellos me necesita para algo, al igual que cualquiera otra persona, hay estaré para extenderle la mano. La palabra de Dios nos enseña, que Dios aborrece el pecado, pero ama al pecador.

Sé que en los tiempos en que estamos viviendo este tipo de información para muchos es escandaloso, ya que como menciono antes, la iglesia moderna está muy cómoda, y en el mismo circulo año tras año. Están como la iglesia de Laodicea en Apocalipsis 3:15-22,

Yo conozco tus obras, que ni eres frío ni caliente. ¡Ojalá fueses frío o caliente! Pero por cuanto eres tibio, y no frío ni caliente, te vomitaré de mi boca. Porque tú dices: Yo soy rico, y me he enriquecido, y de ninguna cosa tengo necesidad; y no sabes que tú eres un desventurado, miserable, pobre, ciego y desnudo. Por tanto, yo te aconsejo que de mi compres oro refinado en fuego, para que seas rico, y vestiduras blancas para vestirte, y que no se descubra la vergüenza de tu desnudes; y unge tus ojos con colirio, para que veas. Yo reprendo y castigo a todos los que amo; sé; pues, celoso, y arrepiéntete. He aquí, yo estoy a la puerta y llamo; si alguno oye mi voz y abre la puerta, entraré a él, y cenaré con él, y él conmigo. Al que venciere, le daré que se siente conmigo en mi trono, así como yo he vencido, y me he sentado con mi Padre en su trono. (El que tiene oído, oiga lo que el Espíritu dice a las iglesias.

Los abortos y el homosexualismo son una práctica de pecados, por lo cual cualquiera que sea que los apoye se está yendo en contra de la palabra de Dios. Se puede usar cualquier excusa para justificar el darle el voto a este tipo de legisladores, pero hay una sola realidad; si no hubieran sido electos estos políticos liberales que aceptaron legislar y permitir este tipo de leyes, no hubieran matado a millones de seres humanos indefensos que no pudieron defenderse, y que hasta que el castigo de Dios no venga sobre ellos, los seguirán matando. Tampoco tuviéramos una sociedad tan pecaminosa a lo ya referido, con la aprobación de esos mismos legisladores, que como ya he informado, son en su gran mayoría los demócratas. Siendo conocedor de su historia, y su historial de legislar, no tengo la menor duda que seguirán legislando y aprobando la unión de matrimonios de los llamados gay, hasta que lleven al país a lo que ya casi es; Sodoma y Gomorra; y siempre veremos como una prueba a lo aquí informado, que serán los demócratas los responsables. Los cristianos conocedores tendrán que darle cuenta a Dios, del respaldo que le han dado a este tipo de legisladores, por estar siguiendo tradiciones y beneficios personales. Hay que analizar bien lo que dice Filipenses: 3-18-19, (creo que es necesario repetirlo)

Porque por ahí andan muchos, de los cuales os dije muchas veces, y aun ahora lo digo llorando, que son enemigos de la cruz de Cristo; el fin de los cuales será perdición, cuyo dios es el vientre, y cuya gloria es su vergüenza; que solo piensan en lo terrenal.

Analicemos lo siguiente; Si una persona tiene conocimiento de las intenciones de una persona, y aun así le facilita un arma, y con esa arma le quita la vida a otra persona; ¿No es también participe de ese crimen? No hay ninguna diferencia. Si tenemos conocimiento que le vamos a dar el voto a alguien que está informando que está de acuerdo y dispuesto a seguir legislando a favor del aborto, y los homosexuales, y muchas otras cosas más que están opuestas a la establecido por Dios; ¿No sé está, directa o indirectamente siendo participe del pecado? Sé podrá usar la excusa que muchos usan; (allá ellos) pero conforme a la palabra de Dios no hay excusa. Por ejemplo; el presidente Obama siempre mantuvo que estaba a favor del aborto, del casamiento de homosexuales, del clonaje, y muchas otras cosas más; al igual que están la gran mayoría de los demócratas. Como ya mencioné por la falta de conocimiento y la desobediencia nos toca vivir como cristianos tiempos difíciles y catastróficos que nosotros mismos apoyamos. Por ejemplo; a principios del 2000 en base a que los demócratas ya habían aprobado los casamientos de las personas del mismo sexo en 5 estados, y estaban tratando que fuera una ley nacional para que se pudieran casar en todos los estados, por petición de todas las instituciones religiosas, le pidieron al congreso que se le hiciera una enmienda a la constitución o legislaran una ley para que el casamiento fuera solamente entre un hombre y una mujer. Trataron de hacer la enmienda a la constitución, pero los demócratas se opusieron y no pasó. Los republicanos trataron por medio de una ley, y la ley fue aprobada en el 2004, ley que el presidente GW Bush firmó, conocida como DOMA. Durante los años que el presidente Bush estuvo de presidente el tema de esos casamientos murió. Pero cuando el presidente Obama tomó la presidencia declaró que él no estaba de acuerdo con esta ley, y que no la respalda. Así le abrió la puerta a los homosexuales, los que se aprovecharon de la posición de Obama, llevando de nuevo el caso a la corte suprema, la que votó 5-4, otorgando esos casamientos. Estoy más que seguro, que todos los cristianos que votaron por Obama ni se han dado del grave error de haberlo elegido presidente, ya que esto para la iglesia especialmente para los ministros es catastrófico. En el tiempo que vivimos los Demócratas están haciendo guerra en contra del presidente Trump por las nominaciones de jueces conservadores; fue la razón por lo que acribillaron al juez Brett Kavanaugh a fuerza de falsas acusaciones buscando que por ninguna razón llegara a la corte suprema, porque según ellos podría ser el equivalente a retroceder lo que ellos llaman logros en referencia a todo lo mencionado. Ahora quieren hacer lo mismo con la nueva jueza conservadora Amy Coney Barrett, porque según los Demócratas esta jueza por sus creencias religiosas representa un peligro a sus ideales liberales. Por ejemplo, en una entrevista que le hiso la senadora Diane Feinstein del estado de California, le cuestiono sus doctrinas por lo de los abortos y casamientos de homosexuales, diciéndole que sus doctrinas eran muy preocupantes para llegar a ser jueza de la corte suprema. Esto deja claro las intenciones y los propósitos del partido demócrata.

No hay ninguna duda, ya que esto es lo que registran los récords, que son los demócratas los responsables de las siguientes leyes y creencias.

1) Abortos. 2) Aprobación de casamientos de homosexuales.

3) Prohibición de orar o hablar de Dios en las escuelas.

4) Eliminar la Biblia de las cortes y las escuelas.

5) Enseñanza sobre el sexo a los niños en las escuelas desde una temprana edad.

6) El uso pastillas anticonceptivas para que las niñas menores no queden embarazadas con o sin la autorización de los padres.

7) Expresión demócratas de los homosexuales libremente donde ellos quieran incluyendo las escuelas, pero a un cristiano le es prohibido siquiera mencionar a Dios.

8) Nominación de jueces liberales por la influencia de los Demócratas, no solo en la corte Suprema, sino también a nivel estatal; los que han venido deliberando en contra de todo principio conservador, y a favor de los liberales, como son los casos de los casamientos de homosexuales. También han tomado decisiones a favor de demandas que se han hecho para no permitir árboles de Navidad y decoraciones Navideñas, en los establecimientos de gobierno, como bibliotecas y otros lugares públicos. Y otras demandas como las ya mencionadas; y de seguro que seguirán haciendo más demandas en oposición a todo lo que tenga que ver con nuestras creencias cristianas y lo establecido por Dios. Son las razones de su enérgica oposición a los jueces conservadores.

Todas estas cosas mencionadas están en oposición a la palabra de Dios. De esto fue que la palabra de Dios nos advierte, que vendría persecución contra la iglesia. ¿Cómo es que respaldamos a los legisladores que están legislando y sirviendo de instrumentos a Satanás, para perseguir la obra de la iglesia a la cual nosotros mismos pertenecemos? No debemos errar, la palabra de Dios es clara, según lo que el hombre sembrare eso mismo segará. Aunque tenemos el libre albedrío de escoger entre el bien y el mal; como cristiano advierto, que primero son las cosas espirituales que están favoreciendo tradiciones, y beneficios personales, ya que con esto se está directa o indirectamente apoyando legisladores, que están en contra de lo establecido por Dios.

Al principio informé que, dependiendo de la postura, las tradiciones y cultura, esta información sería difícil de tragar, y en casos hasta de aceptarla. Creo que ya es tiempo de dejar los paños tibios y empezar a alzar la voz diciendo las verdades, aunque duelan. Cuando los padres corrigen a sus hijos y los disciplinan, no es porque no los quieren; por el contrario, los disciplinan porque los aman y quieren lo mejor para sus hijos. Este mismo es el propósito de todas estas verdades; amo a los cristianos y también a los pecadores, el querer que se corrija lo que está mal, es precisamente una demostración de amor hacia todos.

Hebreos capítulo 12: 4-6, Porque aún no habéis resistido hasta la sangre, combatiendo contra el pecado; y habéis ya olvidado la exhortación que como a hijos se os dirige diciendo; Hijo mío, no menosprecies la disciplina del Señor, ni desmayes cuando eres reprendido por Él; porque el Señor al que ama disciplina y azota a cualquiera que recibe por hijo.

Colosenses: 2-8, Mirad que nadie os engañe por medio de filosofías y huecas sutilezas, según las tradiciones de los hombres, conforme a los rudimentos del mundo, y no según Cristo.

Lo que aconsejo a los ciudadanos, especialmente a los cristianos, es a no informar o dar por hecho las informaciones de los medios de comunicación; tanto la prensa, como los medios sociales, y aun las redes del internet; están engañando a la gente e inyectando veneno 24-7. Vuelvo y reitero; son los instrumentos que el diablo está usando para engañar a la humanidad. Por ejemplo, un pastor escribió en Facebook que no sabía qué pensar de los conservadores de este país, porque a Martin L King, los conservadores le habían puesto grabadoras a sus teléfonos acusándolo de comunista, y le habían dado persecución. Ya que tengo más que claro que la información que estaba dando es totalmente incorrecta, ya que quienes hicieron eso fue la administración del presidente Kennedy, el que le dio la orden a su hermano Robert que era el AG de la nación. Las órdenes fueron hechas por unas reuniones que había tenido MLK con gente del partido comunista. Y debo aclarar que a MLK nunca, ni los Kennedy ni nadie le probaron que hubiera hecho nada incorrecto. Pero fueron los Kennedy los que lo acusaron de comunista y no los conservadores. Cuando cuestionó al pastor de dónde había sacado la información, su contesta fue de Google. A diario en los medios sociales hay muchos ciudadanos incluyendo cristianos dando por hechos las informaciones de los medios de comunicación. Por sus comentarios y creencias es fácil entender que con mucha facilidad son engañados. Los medios de comunicación hoy en día no son verdaderos jornaleros, son activistas de los partidos políticos. Creo que un cristiano tiene que tener cuidado de no juzgar a nadie en base a las informaciones de otras personas y aun de sus propias especulaciones si no tienen evidencia concreta. La palabra de Dios nos dice lo siguiente en Romanos 2:1-6,

Por lo cual eres inexcusable, oh hombre, cualquiera que seas tú que juzgas; porque en lo que juzgas a otro, te condenas a ti mismo; porque tú que juzgas haces lo mismo. Sabemos que el juicio de Dios contra los que practican tales cosas es según verdad. ¿Y piensas esto, oh hombre, tú que juzgas a los que hacen tales cosas, y haces lo mismo, que tú escaparás del juicio de Dios? ¿O menosprecias las riquezas de su benignidad, paciencia y longanimidad, ignorando que su benignidad te guía al arrepentimiento? Más por tu dureza, y por tu corazón no arrepentido, atesoras para ti mismo ira para el día de la ira y de la manifestación del justo juicio de Dios; El cual pagará a cada uno conforme a sus obras:

¿Por qué doy esta información? En los medios sociales hay algunos cristianos que constantemente están expresándose con atrocidades y haciendo acusaciones contra el presidente Trump; lo acusan de racista, criminal, mentiroso, y un gran número de barbaridades incluyendo que está engañando los cristianos; luego para justificar sus malas acciones usan textos bíblicos totalmente fuera de contexto para justificar sus acciones. Por ejemplo, alguien me contestó en uno de mis post en Facebook, en defensa a lo mencionado, que la palabra de Dios dice que hay que amar al prójimo. (Se le olvido Lucas 6 - 27, Amad a vuestros enemigos, haced bien a los que os aborrecen.) Continúa diciendo que Dios da el mandato de ayudar los huérfanos, las viudas, los pobres y los emigrantes; y como sus seguidores no podemos quedarnos de brazos cruzados ya que este presidente ha matado mucha gente inocente. Por supuesto esa es la información de CNN y los demás liberales. Bíblicamente es imposible que, de una misma boca, y de una misma fuente salga agua dulce y amarga como esta misma información aquí citada.

Santiago 3:10-12, De una misma boca proceden bendición y maldición. Hermanos míos, esto no debe ser así. ¿Acaso alguna fuente echa por una misma abertura agua dulce y amarga? Hermanos míos, ¿puede acaso la higuera producir aceitunas, o la vid higos? Así también ninguna fuente puede dar agua salada y dulce. Efesios 4:29- 32; Ninguna palabra corrompida salga de vuestra boca, sino la que sea buena para la necesaria edificación, a fin de dar gracia a los oyentes... Y no contristéis al Espíritu Santo de Dios, con el cual fuisteis sellados para el día de la redención... Quítense de vosotros toda amargura, enojo, ira, gritería y maledicencia, y toda malicia... Antes sed benignos unos con otros, misericordiosos, perdonándoos unos a otros, como Dios también os perdonó a vosotros en Cristo. Romanos 12:14-21, Bendecid a los que os persiguen; bendecid, y no maldigáis... Gozaos con los que se gozan; llorad con los que lloran... Unánimes entre vosotros; no altivos, sino asociándose con los humildes. No seáis sabios en vuestra propia opinión... No paguéis a nadie mal por mal; procurad lo bueno delante de todos los hombres... Si es posible, en cuanto dependa de vosotros, estad en paz con todos los hombres... No os venguéis vosotros mismos, amados míos, sino dejad lugar a la ira de Dios; porque escrito está: Mía es la venganza, yo pagaré, dice el Señor... Así que, si tu enemigo tuviere hambre, dale de comer; si tuviere sed, dale de beber; pues haciendo esto, ascuas de fuego amontonarás sobre su cabeza... No seas vencido de lo malo, sino vence con el bien el mal.

De la forma que algunos se expresan, no hay que ser un experto para entender que el odio y la rebelión dominan sus corazones, esos son sus atributos.

Santiago 3:13-18, Pero si tenéis celos amargos y contención en vuestro corazón, no os jactéis, ni mintáis contra la verdad; porque esta sabiduría no es la que desciende de lo alto, sino terrenal, animal, diabólica; Porque donde hay celos y contención, allí hay perturbación y toda obra perversa... Pero la sabiduría que es de lo alto es primeramente pura, después pacífica, amable, benigna, llena de misericordia y de buenos frutos, sin incertidumbre ni hipocresía. Y el fruto de justicia se siembra en paz para aquellos que hacen la paz.

Algunos piensan que Trump está engañando a los cristianos; sin embargo, no se dan cuenta que los que están sin duda alguna siendo engañados por la prensa liberal los enemigos de Dios, son ellos. Y lo peor que todos estos comportamientos son por defender a los políticos que también son enemigos de Dios y la iglesia. Inexplicablemente atacando al que está de acuerdo con lo establecido por Dios, ya que en el tiempo que lleva de presidente, no solo lo ha dicho, lo ha demostrado y lo ha cumplido. Vuelvo y repito ¿Como un cristiano puede apoyar los que han legislado y están a favor del aborto, los casamientos de homosexuales, en contra de las oraciones y la lectura de biblia en las escuelas, y de una larga lista que se conocen? Y después usar la palabra de Dios para justificar sus acciones. Lo menciono porque de la manera en que algunos cristianos citan la biblia, y en la mayoría de los casos totalmente fuera de contexto, no parece que tienen el conocimiento espiritual del que Colosenses 1:9 nos enseña. Tener conocimiento y sabiduría espiritual es una cosa; y tener conocimiento bíblico es otra cosa. El conocimiento bíblico puede ser intelectual; el espiritual, aunque también es bíblico es mucho más profundo. El que tiene el conocimiento espiritual se guía en todo lo que hace y todo lo que habla por el Espíritu Santo. Y esto únicamente se logra atreves del arrepentimiento y la búsqueda constante de Dios.

Romanos 8:1-8, Ahora, pues, ninguna condenación hay para los que están en Cristo Jesús, los que no andan conforme a la carne, sino conforme al Espíritu. Porque la ley del Espíritu de vida en Cristo Jesús me ha librado de la ley del pecado y de la muerte. Porque lo que era imposible para la ley, por cuanto era débil por la carne, Dios, enviando a su Hijo en semejanza de carne de pecado y a causa del pecado, condenó al pecado en la carne; para que la justicia de la ley se cumpliese en nosotros, que no andamos conforme a la carne, sino conforme al Espíritu. Porque los que son de la carne piensan en las cosas de la carne; pero los que son del Espíritu, en las cosas del Espíritu. Porque el ocuparse de la carne es muerte, pero el ocuparse del Espíritu es vida y paz. Por cuanto los designios de la carne son enemistad contra Dios; porque no se sujetan a la ley de Dios, ni tampoco pueden; y los que viven según la carne no pueden agradar a Dios. Gálatas 5-16; Digo, pues: Andad en el Espíritu, y no satisfagáis los deseos de la carne. Verso 25, Si vivimos por el Espíritu, andemos también por el Espíritu.

La importancia de saber en qué Iglesia nos congregamos

Como he mencionado todos estos comportamientos nos indican que estamos viviendo en los últimos días. Cristo mismo nos advirtió a no dejarnos engañar de nadie ni aun de aquellos que predican y se titulan hombres y mujeres de Dios. Lo siguiente tal vez para algunas personas suena fuerte, pero si no fuera una realidad que está perjudicando la vida espiritual de muchas personas no lo mencionarían.

Ya hace bastante tiempo que estamos viendo, como se ha levantado un preocupante número de pastores, evangelistas, y profetas, que están tomando el evangelio de Dios, y los púlpitos, para enseñar y practicar doctrinas de error, o falsas: Algunos por falta de conocimiento, y otros por obtener beneficios personales, y por enriquecerse a costa de un gran número de cristianos que no tienen el conocimiento bíblico, y están siendo engañados. Hay gente que se dejan llevar por su elocuencia, sus emociones, habilidades, y carisma; y ciegamente creen todo lo que ellos hablan. Claramente se está cumpliendo la advertencia que el mismo Señor dijo en Mateo 24: 4-5,

Respondiendo Jesús les dijo: Mirad que nadie os engañe. Porque vendrán muchos en mi nombre, diciendo: Yo soy el Cristo; y a muchos engañarán.

Oseas 4:6 Mi pueblo fue destruido, porque le faltó conocimiento.

El conocimiento al que me refiero es al conocimiento espiritual:

Colosenses 1: 9, Por lo cual también nosotros, desde el día que lo oímos, no cesamos de orar por vosotros, y de pedir que seáis llenos del conocimiento de su voluntad en Colosenses toda sabiduría e inteligencia espiritual.

Desde hace muchos años atrás, ciertas experiencias personales me enseñaron lo importante que es tener conocimiento de absolutamente todo, antes de tomar decisiones. Es la razón, de no importa de que se trate, lo analizo todo cuidadosamente, y me informó de la fuente que sea, y que tenga la información correcta. La falta de conocimiento es la que destruye a muchas personas, y aun a pueblos enteros. Todo lo aquí informado, está respaldado por la palabra de Dios con sus citas bíblicas; y clara información obtenida de teólogos y ministros de Dios. Como ya informé; del conocimiento a tratar en esta información es del conocimiento espiritual. Desde mi nacimiento he estado en la iglesia; y aunque sin ninguna duda, hay muchos creyentes que llevan muchos años en la iglesia, y todavía están de leche, y no de viandas en el conocimiento de la palabra de Dios. En mi caso tuve una madre que fue una mujer sumamente espiritual; maestra en el Instituto bíblico de estudiantes internos; al igual que mi padre que también fue un gran maestro en Teología, y mi mama misionera por más de 50 años; los que se encargaron de doctrinarnos y enseñarnos muy bien la palabra de Dios. De esas enseñanzas, de 5 hijos, tres son pastores; Joel con un doctorado en Teología, José también con un doctorado en teología, y un doctorado en psicología; mi hermana Sara ministro por más de 40 años. Esta información no es por gloria, porque el mismo apóstol Pablo dice en 2 Corintios 10: 17-18,

Mas el que se gloría, gloríese en el Señor; porque no es aprobado el que se alaba a sí mismo, sino aquel a quien Dios alaba.

Doy esta información ya que es importante el conocer la fuente del que informa; pero como informe, ha sido el preocupante comportamiento, tanto de algunos ministros, como de sus feligreses, que me han llevado a estudiar con mucho cuidado y profundidad, la siguiente información. Mi propósito es el mismo que cita el apóstol Pablo en 2 Corintios 10: 3-5,

Pues, aunque andamos en la carne, no militamos según la carne; porque las armas de nuestra milicia no so carnales, sino poderosas en Dios para la destrucción de fortalezas, derribando argumentos y toda altivez que se levanta contra el conocimiento de Dios, y llevando cautivo todo pensamiento a la obediencia a Cristo.

Aquí voy a tratar la gran importancia de saber en qué iglesia nos congregamos.

Hay un cántico que se canta en las Iglesias cristianas evangélicas pentecostales que dice; No me importa a la iglesia que vaya, si detrás del calvario tu estas; si tu corazón es como el mío, dame la mano y mi hermano serás. Aunque el escritor dice, si detrás del calvario tu estas; creo que nos debe de importar, a qué iglesia frecuentamos, o nos congregarnos. Más adelante informó las razones poderosas; tan poderosas, que puede depender el que seamos salvos.

Nuestro Señor Jesucristo es el fundador de la iglesia. Nótese que hablo de su iglesia, que es solo una. Como sabemos Él dejó su trono de gloria, y se hizo humano pasando por un proceso, hasta ser crucificado, para darnos la provisión, del que le acepte como su salvador, y viva una vida de acuerdo con sus mandatos divinos sea salvo. Parte de este proceso fue; enseñar a los discípulos, y prepararlos, para después de su ascensión de regreso a su trono de gloria, ellos siguieran su ministerio ganando las almas para su reino. Él ascendió al cielo, y les prometió enviar al Espíritu Santo a estar con ellos y su iglesia. Hechos; 1: 8, *Pero recibiréis poder, cuando haya venido sobre vosotros el Espíritu Santo, y me seréis testigos en Jerusalén, en toda Judea, en Samaria, y hasta lo último de la tierra.* Encontramos que, el día de pentecostés llegó y fue lo prometido por Jesús, capítulo 2 del mismo libro: Ese fue el día que la iglesia de Cristo comenzó a existir, y que también fue ungida.

¿Cómo describimos la iglesia de Cristo?

Myer Pearlman la describe de la siguiente manera: (Cito) ¿Que es la iglesia? Se puede responder a la pregunta considerando lo siguiente: (1) Los vocablos que describen dicha institución; (2) los vocablos que describen a los cristianos (3) las ilustraciones que describen a la iglesia.

Vocablos que describen la iglesia: El vocablo griego neotestamentario, para describir la iglesia es Ekklesia que significa "asamblea de llamados" Se aplica el término a todo el cuerpo de cristianos; a una congregación; al cuerpo de creyentes de toda la tierra. La iglesia es una hermandad o comunión espiritual, en la cual se han abolido todas las diferencias que separan a la humanidad. "No hay Judío ni Griego; se supera así la más profunda de todas las divisiones; basada en la historia religiosa; no hay esclavo ni libre; se supera la más profunda de las divisiones culturales; no hay varón ni mujer; y se supera la más honda de todas las divisiones humanas.

La iglesia es un organismo y no meramente una organización. Una organización es un grupo de personas congregadas voluntariamente para cierto propósito, tal como una organización fraternal, o un sindicato. Un organismo es algo vivo que se desarrolla por la vida inherente en sí. En sentido figurativo, significa la suma total de todas las partes relacionadas, en la cual la relación de cada una de las partes encierra una relación con El todo. Un automóvil puede denominarse ``una organización'' de ciertas partes o piezas mecánicas. Un cuerpo humano es un organismo puesto que está compuesto de muchos miembros, y órganos animados de vida común. La iglesia de cristo es un cuerpo de millones de seres renacidos en cristo.

Cristo no vino a establecer religiones; sino una religión, su religión. ¿Cuál es esa religión? El aceptarlo como su único salvador y vivir una vida separada para él, siguiendo sus mandamientos. ¿Cuáles mandamientos? Nos dejó su santa palabra en 66 libros escritos por 40 escritores, los que el mismo Dios inspiró a escribir. En estos libros se encuentran las leyes, los mandatos, y sus doctrinas. Después del día de pentecostés el apóstol Pedro predicó su primer discurso; los apóstoles siguieron predicando, enseñando, y bautizando tal como nuestro Señor les ordenó. Fue necesario organizarse y levantar iglesias que solo predicaban lo que su maestro les enseñó y ordenó.

Santiago 1: 26-27, Si alguno se cree religioso entre vosotros, y no refrena su lengua, sino que engaña su corazón, la religión del tal es vana. La religión pura y sin mácula delante de Dios el Padre es esta: Visitar a los huérfanos y a las viudas en sus tribulaciones, y guardarse sin mancha del mundo.

Las religiones se han ido formado más tarde. La iglesia católica reclama ser la primera ya que se fundó 30 años después de cristo. La Ortodoxa 988 en Rusia; La iglesia de Jesús Chris 1830; Los Evangélicos somos una variedad de iglesias encabezadas por Martin Lutero en 1517. Martin Lutero que era un maestro universitario y un católico, no estuvo de acuerdo, y se opuso públicamente a la venta de indulgencias de la iglesia. Las indulgencias era un documento emitido por la iglesia católica, que evitaba tener que realizar una penitencia o castigo por los pecados cometidos; y también para reducir la estadía en el "purgatorio una" vez ya fallecido; razón por lo que la iglesia católica lo excomulgó.

Los evangélicos son una variedad de iglesias con distintos orígenes, creencias y formas de organizarse. Son iglesias de denominaciones.

Luteranos son los seguidores de Martin Lutero que se estableció en el 1517

Los presbiterianos se fundaron en el siglo 16.

Bautistas siglo 17

Metodistas siglo 18

Pentecostales siglo 19

Testigos de Jehová se fundaron en 1870 en Pittsburgh PA.

Mormones en 1838 en Salt Lake City; ninguna de estas dos religiones es evangélicos.

Los adventistas descendientes de los pentecostales tienen una creencia y doctrina totalmente diferente a los pentecostales, y demás evangélicos.

Pentecostales, que fue una de las más recientes denominaciones, se replicó con rapidez en el siglo 20; siendo una de las denominaciones evangélicas con mayor crecimiento. En los pentecostales hay múltiples subdivisiones. No las voy a mencionar todas; como ejemplo Los discípulos de Cristo, Iglesia de Dios, Asambleas cristianas, Defensores de la fe, Alianza cristiana y misionera, Profetas; y muchas más incluyendo un gran número de iglesias independientes.

Los pentecostales son clasificados, unos como clásicos, bien conservadores; y otros neo -pentecostales que son más modernos. Se puede tomar como un ejemplo, los pentecostales del MI (movimiento Internacional) como clásicos; y pentecostales de las Asambleas de Dios más modernas, aunque también conservadores.

La razón del porque se tardaron tantos cientos de años todas estas religiones en formarse fueron porque la biblia fue escrita en hebreo, y arameo y estaba totalmente prohibido hacer traducciones de ella. Por ejemplo, fue traducida al español después del año 1530.

Por las siguientes razones fue que mencione arriba, la importancia del saber a qué iglesia de estas, frecuentamos o nos congregamos. Comienzo con la siguiente experiencia personal.

A principio de los años 80, un joven muy católico que estaba de novio de mi cuñada me dijo; necesito hablar con usted, ya que tengo problemas en entender muchas cosas que no entiendo de ustedes los pentecostales. Nos dimos cita en un restaurante, y me dijo lo siguiente. Yo soy un buen católico, y asisto semanalmente a la iglesia, soy católico no meramente de nombre, y tengo problemas en entender ciertas creencias de los pentecostales, ya que me están causando problemas con mi novia. Siguió diciendo; lo que te voy a preguntar, tiene que tener una respuesta convincente; si logras convencerme con tu respuesta, te aseguro que el próximo domingo me convierto a pentecostal. Siguió diciéndome, lo que te voy a preguntar es sencillo, pero no sé qué explicación tú me puedes dar, en referencia a ¿qué malo o pecado puede haber, en uno ir con su novia a bañarse en la playa?, ya que su familia no lo quieren permitir. Termina diciendo, no creo que en la biblia se encuentre nada que diga que eso es pecado. Con toda honestidad, era lo menos que esperaba; Hasta el día de hoy, estoy seguro de que Dios me ilumino a darle la siguiente respuesta. Como debes de saber el propósito de todas las religiones, excluyendo a algunas sectas, como los rosacruces, los espiritistas, los santeros y otras; pero las iglesias tienen un primordial propósito, y es de acercarnos o llevarnos a Dios para que vivamos una vida de acuerdo con su palabra, y así podamos ser salvos. Esto lo logran por medio de sus doctrinas y enseñanzas. Me contestó; de acuerdo. Entonces el deber de cada persona que quiere vivir una vida lo más cerca de Dios, y de pecar lo menos posible, examina cuál religión tiene las mejores enseñanzas y doctrina. La respuesta a tu pregunta es la siguiente. Bañarse en la playa no es pecado; la razón del porque los pentecostales prohíben el ir a bañarse a la playa, es porque por más cristiano que uno sea, al ir a la playa a ver las personas en vestuarios provocativos, y en casos enseñándolo todo, te lleva a el pecado de la codicia, y te corrompe tu mente; y como ya te expliqué la iglesia pentecostal quiere evitar que sus miembros pequen contra Dios; así te mantienen en mejor relación con Dios, y evitan a qué peques. Su respuesta fue, me quedé sin argumento; el siguiente domingo dobló sus rodillas en el altar.

Como ya mencioné, todas las iglesias tienen sus creencias y sus doctrinas. Las mismas iglesias evangélicas pentecostales, siendo afiliadas al mismo concilio son soberanas, y aunque tienen la misma doctrina, varean en ciertas creencias; y dependiendo de sus líderes hasta establecen algunos dogmas; y dogmas que no se ajustan a la palabra de Dios. Voy a dar un ejemplo.

Hay pastores y creyentes evangélicos, que erróneamente creen y enseñan que un cristiano no puede sufrir de depresión: Creencia que yo no comparto, y que también me baso en la palabra de Dios. A través de la biblia encontramos algunos personajes que en momentos de circunstancias adversas claramente se deprimen; y en algunos casos hasta le pidieron a Dios que les quitara la vida.

La gran diferencia está, en que un verdadero cristiano que conoce bien la palabra de Dios sabe cómo puede rechazar todo bombardeó de parte de Satanás, por medio de la oración y la fe en Dios, que es la que nos sostiene. También hay cristianos que Satanás los coge fuera de base, ya que en realidad tienen su casa fundada en la arena, y aun algunos con años sirviendo al Señor, no han echado raíces. Este tipo de cristianos también pueden ser presa fácil de Satanás, ya que toman pasos de retroceso dejando de servirle al Señor, y aceptando las tentaciones del diablo.

En primera de Samuel, encontramos un caso claro de una mujer deprimida: Encontramos que un hombre de nombre Elcana, tenía dos mujeres; su esposa principal que se llamaba Ana, y la otra Penina. Penina le dio hijos a Alcana, pero Ana no podía darle hijos, aunque ella lo deseaba. Narra la historia, que Elcana ofrecía todos los años sacrificios a Jehová, y le daba a Penina y a sus hijos su parte; a Ana, solo le daba una parte escogida porque ella no tenía hijos. La Penina entonces la irritaba, arrojándola y entristeciéndola, porque a ella Dios no le había concedido el tener hijos. La historia narra que fue tan grande la tristeza en Ana, que no comía, y estaba afligida a tal grado que lloraba amargamente. Cuando el sacerdote Eli la vio en la condición en que ella estaba, la vio tan deprimida que pensó que Ana estaba ebria. Pero Ana le contestó al sacerdote Eli diciendo; no Señor mío, no estoy ebria soy mujer atribulada de Espíritu; porque, por la magnitud de mis congojas y de mi aflicción, he hablado hasta ahora. Cuando el sacerdote Eli le dijo a Ana que Dios le iba a conceder que tuviera un hijo; inmediatamente a Ana se le fue lo que hoy día se conoce como una depresión; comió y bebió, y ya no estuvo más afligida.

En 1 de Reyes 19, encontramos que nada menos que el profeta Elías, después de haber desafiado por medio del rey Acab, a los cuatrocientos cincuenta profetas de Baal; y después que los derrotó y le demostró quién era el verdadero Dios, y luego los degolló; ahora lo encontramos huyendo, ya que cuando Acab le dio las nuevas a Jezabel de lo que Elías había hecho; Jezabel le mando la noticia diciéndole, que se considerara hombre muerto al no más tardar del día siguiente. Elías huyó y viendo en la circunstancia que se encontraba, se deprimió al grado de pedirle a Dios que le quitara la vida.

En el libro de Job, en el capítulo 3, también encontramos a un Job deprimido por la circunstancia de su enfermedad en la que se encontraba: Esto fue lo que dijo Job:

Después de esto abrió su boca, y maldijo su día. Y exclamo Job y dijo; perezca el día en que yo nací; y la noche que se dijo varón es; sea aquel día sobrio y no cuide de él Dios desde arriba, ni claridad sobre el resplandezca, Aféenlo tinieblas y sombra de muerte, repose sobre el nublado que lo haga horrible como día caliginoso. ¡Ocupe aquella noche la oscuridad; no sea contada entre los días del año; ni venga en el número de los meses! O que fuera aquella noche solitaria; que no viniera canción alguna en ella; Maldíganla los que maldicen el día; los que se aprestan para despertar a Levitan. Oscurézcanse las estrellas de su alba; espere la luz y no venga, ni vea los parpados de la mañana. Por cuanto no cerró las puertas del vientre donde yo estaba, ni escondió de mis ojos la miseria. ¿Porque no morí yo en la matriz o expiré al salir del vientre? ¿Por qué me recibieron las rodillas? Pues ahora estaría yo muerto y reposaría.

Si Job se hubiera expresado así frente a los cristianos que tienen la creencia que los que se expresan de esa manera es porque están poseídos por espíritus de las tinieblas, le hubieran practicado una liberación inmediata; pero a Job no hubo que reprender espíritus de las tinieblas; tan pronto Dios lo sano y estuvo bien, se le quito toda su depresión. Yo me pregunto ¿a cuantas personas que han tenido estas enfermedades le han orado y le siguen orando, reprendiendo demonios o espíritus de las tinieblas? Mi respuesta honesta es que por falta de conocimiento he visto estas oraciones desde mi buena temprana edad.

También hay cristianos que firmemente creen y predican, que un cristiano no se puede enfermar. Se basan en Isaías 53: 4-5,

Ciertamente llevó El nuestras enfermedades, y sufrió nuestros dolores; y nosotros le tuvimos por azotado, por herido de Dios y abatido. Más El herido fue por nuestras rebeliones, molido por nuestros pecados; el castigo de nuestra paz fue sobre El, y por su llaga fuimos nosotros curados.

En una ocasión un hermano que conocía bien me dijo, hermano Del Toro, conozco un muy buen hermano que es pastor, y como usted sabe por este lugar no hay una obra hispana; y acordamos que yo le voy a prestar mi casa para comenzar una obra. Ya que nos conocemos, me gustaría que usted y sus hijas nos ayudarán con la música y las alabanzas. Accedí a ayudarles: Como al mes el hermano pastor predicó un mensaje, y enfáticamente en el mensaje establece que un cristiano que dijera que se enfermaba, estaba ofendiendo a Dios, porque basado en Isaías 53: 4-5, claramente nos enseña, que ya Él llevó nuestras enfermedades y que ya fuimos curados. Cuando salimos lo llevé aparte con el hermano que me había pedido que les ayudara, y le dije al hermano que, basado en la palabra de Dios, estaba dando una errónea información en referencia a que un cristiano no se puede enfermar. El hermano se molestó grandemente y me dijo; hermano Del Toro, usted acaba de blasfemar a Dios. Lo que usted acaba de decir es hacer a Dios mentiroso. La palabra que acabamos de leer nos dice que ya fuimos curados; ¿cómo usted se atreve contradecir lo que nos habla la palabra? Le conteste que yo no estaba contradiciendo la palabra, y quería explicarle; pero el hermano estaba tan molesto que me dijo; ya no quiero escucharlo: El otro hermano le dijo; mire hermano, dele una oportunidad a que le explique, yo conozco al hermano y sé que es un buen conocedor de la palabra. El hermano no quería escucharme, porque según él no había nada que pudiera contradecir lo que está escrito en la palabra de Dios; pero al fin me dijo, está bien lo escucho. Le digo; le voy a preguntar algo; y le pregunto; ¿Se considera usted saber más de la palabra de Dios que el Apóstol Pablo? su respuesta fue por supuesto que no; entonces vamos a ver qué nos dice el apóstol Pablo acerca de esto.

Filipenses 2:19 -30; (19) Espero en el Señor Jesús enviaros pronto a Timoteo, para que yo también esté de buen ánimo al saber de vuestro estado. (25) Mas tuve por necesario enviaros a Espafrodito, mi hermano y colaborador y compañero de milicia, vuestro mensajero, y ministrador de mis necesidades.; (26) porque él tenía gran deseo de veros a todos vosotros, y gravemente se angustio porque habíais oído que había enfermado. (27) Pues en verdad estuvo enfermo, a punto de morir; pero Dios tuvo misericordia de él, y no solamente de él, sino también de mí, para que yo no tuviese tristeza sobre tristeza. (30) Porque por la obra de Cristo estuvo próximo a la muerte, exponiendo su vida para suplir lo que faltaba en vuestro servicio por mí.)

Este del que aquí habla es nada menos que un apóstol, y un discípulo de Cristo.

1 Timoteo 5 22, Ya no bebas agua, sino usa un poco de vino por causa de tu estómago y de tus frecuentes enfermedades.

Gálatas 4:13, Pues vosotros sabéis que a causa de una enfermedad del cuerpo os anuncié el evangelio al principio.

Ya cuando le di estas indiscutibles sitas me dijo; entonces; ¿Porque Isaías nos dice que por su llaga ya fuimos curados? La respuesta está bien clara en Mateo 8:14-17,

Vino Jesús a casa de Pedro, y vio a la suegra de este postrada en cama, con fiebre. Y toco su mano, y la fiebre la dejo; y ella se levantó, y les servía. Y cuando llego la noche, trajeron a Él muchos endemoniados; y con la palabra echo fuera los demonios, y sano a todos los enfermos; <u>para que se cumpliese lo dicho por el profeta Isaías, cundo dijo: El mismo tomo nuestras enfermedades, y llevo nuestras dolencias.</u>

La explicación de esto es bien sencilla. La palabra también nos dice que ya Cristo murió para salvar a los pecadores: ¿Querrá decir esto que entonces ya todo el mundo está salvo? De ninguna manera; es una provisión que Cristo por su muerte en la cruz ofrece para todo el que en El crea, le acepte y le sirva. De la misma manera, Isaías 53 es una provisión para todo aquel que tenga fe y pida sanidad a Dios; por medio del sacrificio hecho en la cruz, obtenemos sanidad.

Hay también pastores y evangelistas que predican y enseñan la súper fe. Estos creen que una persona se puede enfermar, pero que tiene que declarar que está sano, aunque todavía sienta dolor; si está cojo, o con los discos de la espalda malos y no se puede enderezar, tiene que caminar como que está bien. La palabra nos enseña a tener fe como un grano de mostaza, a pedirle a Dios con fe; y las sanidades y todo está basado en tener fe; pero de esto a decir que estamos sanos teniendo dolor, simplemente es ser mentiroso. Hay que estimular a tener fe, pero no bajo mentira. Este tema de las enfermedades y la sanidad tiene a mucha gente, confundidos. Hay gente que hasta culpan a Dios por la enfermedad y la muerte de sus seres queridos. Hay casos como el de Job, el de mi madre, y otros casos, en que Dios no le manda la enfermedad, pero las permite; Juan 11: 4, *Jesús refiriéndose a la enfermedad de muerte de Lázaro, dijo; esta enfermedad no es para muerte, sino para que El hijo de Dios sea glorificado por ella.* Creo que es bien importante que entendamos que todos los seres humanos hemos sido creados para ser eternos; pero nuestra vida está dividida en dos partes. Cuando Dios creó a Adán y Eva, los creó para que habitaran la tierra eternamente, pero el pecado los llevó a la muerte. Las personas del pasado vivían 500 y más años; Matusalén que fue el que más duró 969 años. Por culpa del pecado y del mal comportamiento del hombre, Dios redujo los años de vida aquí en la tierra a 120 años. El hombre cada día fue y es más desobediente, por lo que lo último que Dios dijo en su palabra; Salmo 90: 7 -10,

> *Porque con tu furor somos consumidos, y con tu ira somos turbados. Pusiste nuestras maldades delante de ti, nuestros yerros a la luz de tu rostro. Porque todos nuestros días*

declinan a causa de tu ira; acabamos nuestros años como un pensamiento. Los días de nuestra edad son setenta años; y si en los más robustos son ochenta años; con toda su fortaleza es molestia y trabajo, porque pronto pasan, y volamos.

Nuestro cuerpo por ser de naturaleza terrenal se enferma: Desde nuestro nacimiento ya traemos los gérmenes de las enfermedades; también nos enfermamos por los alimentos que comemos, en casos por comer cosas indebidas, y en ocasiones hasta venenosas o con bacterias, o por exceso de grasas y otro sinnúmero de cosas. Mi papá fue un hombre cristiano por muchos años; vivió una vida entera sin vicios; enfermo de cáncer y murió; en su velorio un vecino nos hizo el siguiente comentario; no entiendo cómo es que un hombre como su padre sin vicios y cristiano, muere de esa manera. Lo que él no sabía era que mi papá trabajó muchos años con asbestos, y según el informe de los médicos eso le causó cáncer. Por ejemplo leí en un libro de ciencia, que hay ciertas yerbas que la gente usa para alimentarse o para comer, que poco a poco le van envenenando las neuronas, y como resultado trae diferentes enfermedades cerebrales. Por otro lado, no importa lo bien que nos cuidemos, ya está establecido que nos vamos a morir por lo ya mencionado; en casos desde una temprana edad hasta los 80; y en algunos casos 100. La pregunta que algunos hacen es; ¿Porque si la biblia dice que cuando más robustos 80 y algunos duran 100 años? También la biblia dice honra a tu padre y a tu madre para que tus días en la tierra te sean alargados. Pero de qué nos vamos nos vamos. Esta es la parte primera ya mencionada de una eternidad. De ahí pasamos o a la gloria o al infierno, a esperar el juicio del gran trono blanco de Apocalipsis 20, para condenación eterna, o gozarnos con Dios eternamente y para siempre. El que está seguro por su sometimiento a Dios, de adónde va a pasar la eternidad, no tiene miedo a la muerte; por esto fue por lo que el apóstol Pablo dijo en Filipenses 1: 21,

Porque para mí el vivir es Cristo, y el morir es ganancia.

El mismo Jesús en Juan 11: 25-26 dijo,

Yo soy la resurrección y la vida; el que cree en mí, aunque este muerto vivirá. Y todo aquel que vive y cree en mí, no morirá eternamente.

Otro ejemplo:

Esta información es en referencia a una doctrina y práctica de la iglesia Josué de las Asambleas de Dios, ubicada en el condado de Broward, estado de la Florida, cuya madre Iglesia está ubicada en San Salvador El Salvador. Antes quiero aclarar que a la doctrina que me he de referir no es doctrina ni enseñanzas de las Asambleas de Dios; es una doctrina exclusiva de esta Iglesia; es otro ejemplo de lo que informó sobre las creencias de las diferentes iglesias.

La doctrina es la siguiente: Ellos creen que una persona después de haberse convertido, y aunque esté preparada para irse con el Señor, puede tener espíritus de las tinieblas; por lo tanto, hay que hacerle una liberación. La liberación la llevan a cabo de la siguiente manera: El pastor o los espiritualmente preparados para este exorcismo o liberación, están por lo menos una semana en ayuno y oración; luego llevan a la persona, y en privado le preguntan de todo lo negativo que le haya pasado desde el día que nacieron. Preguntas tales como; si tienen rencor contra alguien, si han sido maltratados por alguien, y a consecuencias llevan rencor, si han sido violadas o violados, si tienen raíces de amargura, si tienen celos, si sienten odio contra alguien, si han sido maldecidos por alguien, o espiritismo; en fin, todo ese tipo de cosas que pueden estar cohibiendo a una persona a vivir una vida más feliz y fructífera, tanto espiritual como mental.

Luego le hacen la oración reprendiendo a cada espíritu, de acuerdo con la información obtenida. La oración de reprensión por lo general dura horas.

Esta doctrina enseñanza y práctica, no está de acuerdo con la palabra de Dios, por la siguiente razón. En las siguientes citas bíblicas la palabra de Dios nos enseña lo contrario.

2 Corintios 5: 17, De modo que, si alguno está en Cristo, nueva criatura es; las cosas viejas pasaron; y he aquí (todas) son echas nuevas.

1 Corintios 3: 16 ¿No sabéis que sois templo de Dios, y que el Espíritu de Dios (¿mora en vosotros?)

Juan 14:23, Respondió Jesús y le dijo; El que me ama, mi palabra guarda; y mi Padre le amara, y vendremos a él, (y haremos morada, con él.)

Romanos 8:9-11, Mas vosotros no vivís según la carne, sino según el Espíritu, si es que el Espíritu de Dios (mora en vosotros,) y si alguno no tiene el Espíritu de Cristo, no es de él. Pero si Cristo esta en vosotros, el cuerpo en verdad está muerto a causa del pecado, mas el espíritu vive a causa de la justicia. Y si el Espíritu de aquel que levantó de los muertos a Jesús mora en vosotros, el que levanto de los muertos a Cristo Jesús vivificará también vuestros cuerpos mortales por su Espíritu (que mora en vosotros.)

2 Corintios 3:17, Porque el Señor es Espíritu; (y donde está el Espíritu del Señor, hay libertad.)

Es claro que donde mora o habita el espíritu de Dios no puede haber ni habitar espíritus de las tinieblas. Tampoco el maligno puede tocar a nadie que haya nacido de Dios.

1 Juan 5:18 Sabemos que todo aquel que ha nacido de Dios, no practica el pecado, pues Aquel que fue engendrado por Dios le guarda, (y el maligno no le toca.)

1 Corintios 6:17-20, Pero el que se une al Señor, un espíritu es con él. Huid de la fornicación, cualquier otro pecado que el hombre cometa esta fuera del cuerpo; más el que fornica, contra su propio cuerpo peca, ¿o ignoráis que vuestro cuerpo es templo del Espíritu Santo, el cual está en vosotros, el cual tenéis de Dios, y que no sois vuestros? Porque habéis sido comprados por precio;(glorificad, pues a Dios en vuestro cuerpo y en vuestro espíritu, los cuales son de Dios.)

Cuando una persona se arrepiente y es nacida de Dios, inmediatamente queda Justificado, Regenerado, y Santificado.

1 Corintios 6:11, Y esto erais algunos; (más ya habéis sido lavados, ya habéis sido santificados, ya habéis sido justificados en el nombre del Señor Jesús, y por el Espíritu de nuestro Dios.)

Tito 3:5, Nos salvó, no por obras de justicia que nosotros hubiéramos hecho, sino por su misericordia, por el lavamiento de la regeneración y por la renovación en el Espíritu Santo.

Por supuesto ya uno salvo comienza un proceso de renovación y limpieza, que no termina hasta que nos vayamos con el Señor.

Colosenses 3: 5-10, Haced, morir pues, lo terrenal en vosotros: fornicación, impureza, pasiones desordenadas, malos deseos y avaricia, que es idolatría; cosas por las cuales la ira de Dios viene sobre los hijos de desobediencia, en la cuales vosotros anduvisteis en otro tiempo cuando vivías en ellas. Pero ahora dejad también todas estas cosas: ira, enojo, malicia, blasfemia, palabras deshonestas de vuestra boca. No mintáis los unos a los otros, habiéndoos despojado del viejo hombre con sus hechos, y revestido del nuevo, (el cual conforme a la imagen del que lo creó se va renovando hasta el conocimiento pleno).

Quiero aclarar que una persona después de ser salva, se desliza y se pone a practicar el pecado, o a frecuentar a lugares donde le den cabida o le abran la puerta a Satanás, si se le puede meter algún espíritu de esos, ya que el Espíritu Santo, no puede habitar ni estar con una persona pecaminosa. Por eso es por lo que el mismo Señor nos dice en Mateo 12:43-45,

Cuando el espíritu inmundo sale del hombre, anda por lugares secos, buscando reposo, y no lo halla. Entonces dice: Volveré a mi casa de donde salí; y cuando llega, la halla desocupada, barrida y adornada. Entonces va, y toma consigo otros siete espíritus peores que él, y entrados moran allí; y el postrer estado de aquel hombre vine a ser peor que el primero. Así también acontecerá a esta mala generación.

Estos espíritus inmundos a los que se refiere son demonios. Quiero aclarar que cometer un pecado es una cosa y la práctica de pecados es otra: Esto está claro en 1 Juan 1:8,

Si decimos que no tenemos pecado, nos engañamos a nosotros mismos, y la verdad no está en nosotros. 1 Juan 3:8, El que practica el pecado es del diablo; porque el diablo peca desde el principio. Para esto apareció el Hijo de Dios, para deshacer las obras del diablo. Todo aquel que es nacido de Dios, no practica el pecado, porque la simiente de Dios permanece en él; y no puede pecar, porque es nacido de Dios.

Por la razón ya mencionada, una persona puede ser poseída por un espíritu malo; pero no en el contexto en que esta iglesia practica y enseña: Donde está el Espíritu de Dios hay libertad. Por lo tanto, hay una contradicción de liberal a una persona que ya ha sido liberada. Esta Iglesia está confundiendo lo que son los atributos de nuestro espíritu, con espíritus de las tinieblas. Esto está claro en el libro de Teología Biblica y Sistemática de Myer Pearman; que fue publicado en Inglés con el título Knowing the Doctrines Of The Bible en el año 1958 y traducido al Español en el 1992. Este libro precisamente es uno de los libros que usan las Asambleas de Dios para enseñar en los Institutos Bíblicos.

Cito textualmente: El espíritu humano:

En todo ser humano habita un espíritu dado por Dios, en forma individual (Números 16:22; 27:16). Este espíritu fue formado por el Creador en la parte interior de la naturaleza del hombre, y es capaz de renovación y desarrollo (Salmo 51:10). El espíritu es el centro y fuente de la vida del hombre. El alma es dueña de esta vida y la usa, y por medio del cuerpo la expresa. En el principio Dios sopló espíritu de vida en el cuerpo inanimado y el hombre se convirtió en alma viviente. De manera entonces que el alma es un espíritu que habita en un cuerpo, o un espíritu humano que opera por medio del cuerpo, y la combinación de ambos constituye al hombre en "alma". El alma sobrevive a la muerte, porque es vitalizada por el espíritu, y sin embargo ambos, el alma y el espíritu, son inseparables porque el espíritu está entretejido en la trama misma del alma. Están fundidos, amalgamados, si se nos permite el vocablo, en una sola sustancia.

El espíritu es lo que distingue al hombre de todas las cosas creadas y conocidas. Contiene vida humana e inteligencia (Proverbios

20:27; Job 32:8) distinto a la vida animal. Los animales tienen un alma (Génesis 1:20, en el original Hebreo) pero no espíritu. En Eclesiastés 3:21 parece que se hace referencia al principio de la vida tanto en el hombre como en las bestias. Salomón registra una pregunta que se formuló cuando se había apartado de Dios. A diferencia del hombre, por lo tanto, los animales no pueden conocer las cosas de Dios (1 Corintios 2:11; 14:2; Efesios 1:17; 4:23) y no pueden entrar en relaciones personales, responsables con el (Juan 4:23. El espíritu del hombre, cuando es habitado por el Espíritu de Dios (Romanos 8:16), se convierte en centro de adoración (Juan 4:23,24); canciones, bendiciones (1 Corintios 14:15), y servicio (Romanos 1:9; Filipenses 1:27). (El espíritu, puesto que representa la naturaleza más elevada del hombre está relacionado con la cualidad de su carácter.) (Aquello que adquiere dominio de su espíritu se convierte en un atributo de su carácter.) Por ejemplo, si permite que el orgullo lo domine, se dice que tiene espíritu altivo (Proverbios 16:18. De acuerdo con las influencias respectivas que lo controlan, un hombre puede tener un espíritu perverso (Isaías 19:14); un espíritu provocador, irritable (Salmo 106:33), un espíritu precipitado (Proverbios 14:29), un espíritu agitado (Génesis 41:8), un espíritu contrito y humillado (Isaías 57:15; Mateo 5:3). Quizá esté bajo el espíritu de servidumbre (Romanos 8:15) o impedido por el espíritu de celo (Números 5:14) Debe, por lo tanto, custodiar el espíritu (Malaquías 2:15), (enseñorearse de su espíritu) (Ezequiel 18:31) y confiar en Dios para que cambie su espíritu (Ezequiel 1:19.)

Cuando las malas pasiones dominan al hombre, y este manifiesta un espíritu perverso, ello significa que la vida natural, o del alma ha destronado al espíritu. El espíritu ha luchado y perdido la batalla. (El hombre es presa de sus sentidos naturales y apetitos, y es "carnal".) El espíritu no ejerce ya dominio de la situación, y su carencia de poder se describe como un estado de muerte. De ahí que sea necesario un nuevo espíritu (Ezequiel 18:31; Salmo 51:10), y solo aquel que soplo en el cuerpo del hombre el hálito de vida, puede impartir al alma del hombre, una nueva vida espiritual, (en otras palabras, regenerarlo) (Juan 3:8; Juan 20:22; Colosenses 3:10). Cuando esto ocurre, el espíritu del hombre ocupa un lugar de ascendencia y el hombre se convierte en "espíritu. (Sin embargo, el espíritu no puede vivir de sí mismo, sino que debe buscar constante renovación mediante el Espíritu de Dios.)

Esta información deja claro que casi todas las condiciones del hombre, en el contexto que estoy informando, están relacionadas con nuestro espíritu, y no con espíritus de las tinieblas. También está claro que todas <u>estas condiciones, se van por medio del arrepentimiento, a través de la constante búsqueda de la renovación mediante el Espíritu de Dios,</u> y no a través de represión de espíritus de tinieblas que por lo general no hay.

Como ya mencioné hay iglesias que por sus creencias y doctrina ponen en peligro la salvación de muchas almas. Un ejemplo claro es la iglesia católica. La iglesia católica enseña y practica la salvación por medio del purgatorio; más bien después de muerto hacen rosarios para purificar las personas, para que puedan presentarse ante Dios, ya que la biblia enseña que nada impuro puede entrar al reino de los cielos. Y es correcto nada impuro puede entrar al reino de los cielos. Lo incorrecto de esta doctrina es que hay un proceso establecido por Dios para que podamos ser purificados. 1 Corintios 15: 51-52,

He aquí, os digo un ministerio: No todos dormiremos; pero todos seremos transformados, en un momento, en un abrir y cerrar de ojos, a la final trompeta, porque se tocará la trompeta y los muertos serán resucitados incorruptibles, y nosotros seremos transformados.

Romanos 8:17, Y si hijos, también herederos; herederos de Dios y coherederos con Cristo, si es que padecemos juntamente con él, para que juntamente con él seamos glorificados.

El mismo Cristo hombre, siendo perfecto y sin pecado; también tuvo que ser glorificado. Juan 7: 39,

Esto dijo el Espíritu que habían de recibir los que creyesen en él; pues aún no había venido el Espíritu Santo, porque Jesús no había sido aún glorificado.

Seremos purificados en la resurrección cuando Cristo nos resucite para que enfrentemos el juicio según Apocalipsis 20:11-15,

Y vi un gran trono blanco y al que estaba sentado en él, delante del cual huyeron la tierra y el cielo, y ningún lugar se encontró para ellos. Y vi a los muertos, grandes y pequeños, de pie ante Dios; y los libros fueron abiertos, y otro libro fue abierto, el cual es el libro de la vida; y fueron juzgados los muertos por las cosas que estaban escritas en los libros, según sus obras. Y el mar entregó los muertos que había en él; y la muerte y el Hades entregaron los muertos que había en ellos; y fueron juzgados cada uno según sus obras. Y la muerte y el Hades fueron lanzados al lago de fuego. Esta es la muerte segunda. Y el que no se halló inscrito en el libro de la vida fue lanzado al lago de fuego.

Ese juicio es para que cada uno reciba según lo que haya hecho mientras estaba vivo. 2 Corintios 5-10,

Porque es necesario que todos nosotros comparezcamos ante el tribunal de Cristo, para que cada uno reciba según lo que haya hecho mientras estaba en el cuerpo, sea bueno

o sea malo. Hebreos 9; 27, Y de la manera que está establecido para los hombres que mueran una sola vez, y después de esto el juicio.

Esto deja más que claro que ningún rezo puede cambiar lo establecido; el que muere salvo será salvo; el que no muere salvo nadie lo podrá salvar. No quiero ser mal interpretado, con esto no quiero decir que un católico no puede ser salvo; lo que sí afirmo es que no se pueden salvar por medio del purgatorio, hay que arreglar cuentas con Dios antes de morir.

La iglesia católica a principio de su fundación me parece a mí, que se ajustaban a la palabra de Dios; (La Biblia) pero 300 años después de su fundación, el emperador romano, Constantino, los llevó a hacer una reforma a la iglesia, y como imperador los obligó a incluir un gran número de creencias paganas; la lista es larga de todo lo que la iglesia católica practica y enseña desde esa reforma hasta el día de hoy.

Hay iglesias de subdivisión de los pentecostales; que se denominan apóstoles y profetas. Esta iglesia apenas comenzó en el año 1928. Según su historia un canadiense descendiente de los pentecostales, del nombre Federico Mebius, llegó a El Salvador CA, en el año 1927; él fue el fundador de este movimiento, que luego lo llevaron a Honduras, Costa Rica, México, y más tarde a los Estados Unidos; y ahora es un movimiento mundial. Esta iglesia al igual que los pentecostales clásicos, y neo - pentecostales, también tienen dos identificaciones, unos usan el velo, mientras otros no. Según los teólogos en la palabra de Dios y conocedores de doctrina, incluyendo pastores pentecostales, evangelistas, y aun todas las demás religiones, los están considerando, como falsos profetas, por la siguiente información.

1) Los profetas de la biblia, el último fue Malaquías, fueron comisionados directamente por Dios, o por un ángel enviado por Dios.

2) Los profetas fueron infalibles y autoritativos; significa que debes obedecer a su profecía la que fue un 100% sin errores. (Esto es muy importante, porque si te profetizan y no se realiza la profecía, lo explica todo.) Más bien sí son profetas de Dios no puede haber fallos.

3) Los profetas siempre pudieron probar su comisión de Dios, hicieron milagros como prueba sobrenatural provista por Dios.

Lo que vemos hoy en los llamados apóstoles y profetas, son personas autodenominadas y equivocadas que no pueden hacer milagros o proporcionar ninguna evidencia de su comisión, para probar y demostrar que son usados verdaderamente por Dios.

El misionero en África Gabriel Gil da la siguiente información:

A este movimiento de los apóstoles hay que prestarle mucha atención por las siguientes razones. La gran mayoría de los llamados apóstoles consideran que es un insulto si no son llamados apóstoles. Ellos piensan tener el monopolio de la unción y cobertura de Dios. Ellos son los únicos que tienen el poder de ungir a otros apóstoles. (La misma práctica de la iglesia católica) Ellos creen que están trayendo el reino de Dios aquí a la tierra.

El hermano Gabriel, dice que tiene un documento de los líderes de esta organización que dice: El gobierno apostólico anulará el gobierno de Satanás. Esto es un claro ataque contra las demás denominaciones cristianas. Ellos hablan de restaurar la estructura apostólica, como si el Espíritu Santo no hubiera estado trabajando durante más de 2000 años aquí en la tierra. Ellos creen que el apóstol y su unción son los que traen revelación a la iglesia como en los días primeros. Significa que ellos pueden traer nueva doctrina. (La iglesia actual debe enseñar la doctrina que está clara en la sagrada escritura, y no establecer doctrina nueva.) Esto significa, que estos llamados apóstoles vienen con nuevas revelaciones las cuales la iglesia debe aceptar. Esto es muy peligroso porque el creerse ser los reformadores de la iglesia cristiana en general; significa que toda iglesia que no se alinee a sus doctrinas; terminan siendo consideradas, iglesias sin unción, y sin la cobertura y llenura del Espíritu Santo.)

Estuve cantando con el trio Ecos Melódicos por más de 10 años; visitamos todas las iglesias evangélicas aquí mencionadas, fuimos invitados a cantar hasta un evento que la iglesia católica hizo para una gente con problemas psicológicos. Visitamos unas cuantas veces iglesias de los apóstoles y profetas, en todas las ocasiones en estas iglesias, según ellos, había profecía de parte de Dios y dieron todo tipo de profecía. Conozco gente que asiste a este tipo de iglesias; y también se pasan profetizando de todo. Esto dice nuestro Señor acerca de estos profetas; Mateo 7:22-23,

Muchos me dirán aquel día: Señor; Señor; ¿no profetizamos en tu nombre, y en tu nombre echamos fuera demonios, y en tu nombre hicimos muchos milagros? Y entonces les declarare: Nunca os conocí; apartaos de mí, hacedores de maldad.

La palabra de Dios tiene la revelación completa dada por Dios; contiene absolutamente todo lo que un cristiano necesita saber desde lo espiritual, lo material, sanidad, presente y futuro, en fin, no hay absolutamente nada que tenga que ver con nosotros, que ya no haya sido revelado en su santa palabra.

A los hombres y mujeres de Dios hoy día, Dios les habla, y les da mensajes para la iglesia, pero todo en base a lo ya establecido en su palabra. ¿Qué es lo que Dios estableció en su palabra? Hebreos 1:1-2,

Dios, habiendo hablado muchas veces y de muchas maneras en otro tiempo a los padres por los profetas, en estos postreros días nos ha hablado por el hijo, a quien constituyo heredero de todo, y por quien asimismo hizo el universo.

Es posible que en algún caso especial Dios de una profecía, pero no en el contexto en que lo están practicando y enseñando.

Todo lo que viene de Dios es con fines espirituales y eso de que Dios te va a dar una casa, un carro y toda profecía con fines de prosperidad material, estoy seguro no viene de Dios. Como ya mencioné su palabra es clara; antes de pedir Él sabe de qué cosas tenemos necesidad; y una persona que viva de acuerdo a su palabra, Dios le da todo lo que necesita, no importa lo que sea incluir lo material. 1de Juan 3:21-22,

Amados, si nuestro corazón no nos reprende, confianza tenemos en Dios; y cualquiera cosa que pidamos la recibiremos de él, porque guardamos sus mandamientos, y hacemos las cosas que son agradables, delante de él.

Mucha gente dice que han pedido pero que no han recibido nada. Se debe de entender que, aunque dice cualquiera cosa que pidamos, también dice que para recibir hay que guardar los mandamientos, y hacer las cosas que son agradables delante de Él.

Mateo 6:25-33, Por tanto, os digo: no os afanéis por vuestra vida, que habéis de comer o que habéis de beber; ni por vuestro cuerpo, que habéis de vestir. ¿No es la vida más que el alimento y el cuerpo, más que el vestido? Mirad las aves del cielo, que no siembran, ni siegan, ni recogen

en graneros; y vuestro Padre celestial las alimenta. ¿No valéis vosotros mucho más que ellas? ¿Y quién de vosotros podrá, por mucho que se afane, añadir a su a su estatura un codo? Y por el vestido, ¿Por qué os afanáis? Considerad los lirios del campo, como crecen: no trabajan ni hilan; pero os digo, que ni aun Salomón con toda su gloria se vistió, así como uno de ellos. Y si la yerba del campo que hoy es, y mañana se echa en el horno, Dios la viste así, ¿no hará mucho más a vosotros hombres de poca fe? No os afanéis, pues, diciendo: Que comeremos, o que beberemos, o que vestiremos, porque los gentiles buscan todas estas cosas; pero vuestro Padre celestial sabe que tenéis necesidad de todas estas cosas. Mas buscad primeramente el reino de Dios y su justicia, y todas estas cosas os serán añadidas.

Como ya mencioné no necesitamos nueva revelación de Dios, ni que ningún profeta nos revele nada; Cristo estableció en su palabra la forma en que recibiremos todo lo que necesitamos; y está todo basado en tener fe. Todo lo que le pidamos creyendo lo recibiréis.) Más bien, ya Dios estableció la forma en que recibiremos todo lo que necesitamos; pero ahora los nuevos profetas quieren cambiar lo ya establecido, enseñando que la forma de recibir es dándole dinero "al Señor"; y mientras más le des, más te bendice. No en balde la biblia nos dice que el amor al dinero es la raíz de todos los males. Mucha gente va a estas iglesias que enseñan falsas doctrinas, porque quieren que les profeticen lo que ellos quieren oír; y es evidente que no tienen conocimiento de la palabra de Dios. Lo establecido por Dios es que le seas fiel, y le pidas todo creyendo.

El ser partícipe de falsas doctrinas es peligroso; el Señor nos amonesta a no participar en falsas doctrinas. Dice Gálatas 1: 6-8,

Estoy maravillado de que tan pronto os hayáis alejado del que os llamo por la gracia de Cristo, para seguir un evangelio diferente. No que haya otro, sino que hay algunos, que os perturban y quieren pervertir el evangelio de Cristo. Más si aún nosotros, o un ángel del cielo, os anunciaren otro evangelio diferente del que hemos anunciado, sea anatema.

Anatema es una palabra griega; se le emplea a una persona que enseña falsa doctrina; quiere decir que hay que excomulgar, separarlo, no permitirlo en la iglesia de Cristo, ya que es maldito ante Dios.

Hay que tener mucho cuidado; hoy día hay muchos líderes religiosos que están enviciados con la sed de poder, prestigio, y riqueza. Y muchos cristianos siguiéndolos, y hasta cierto punto idolatrándolos, porque son personajes famosos.

Otra cosa que para mí es muy difícil de creer en cuanto a estas doctrinas de los apóstoles y profetas es, que no es aceptable que el Señor allá esperado hasta el 1928; apenas 90 años para establecer nueva doctrina, cuando el Espíritu Santo ha estado ministrando en la iglesia desde el día de pentecostés hace más de 2,000 años. Es entendible la formación de los evangélicos, hace poco más de 500 años ya que como explique, no fue traducida la biblia a otros lenguajes hasta precisamente ese tiempo.

El teólogo Mario E Fumero dice: Basta ya de ver como se diezma la menta, el enalbo, y el comino de las hortalizas de los pobres; para satisfacer los caprichos de los que explotan a las personas para mantener como potentados a unos supuestos "apóstoles" que venden la fe, y las unciones, para vivir como empresarios, con una soberbia que se hace visible a todas luces. Que viven pastoreándose a sí mismos, y no imitando a Jesucristo; y todo a costillas de los incautos creyentes que por ignorar las Escrituras, son víctimas de la explotación.

La verdadera razón de estos comportamientos, la encontramos en Filipenses 3: 17-19,

> *Hermanos, sed imitadores de mí, y mirad a los que así se conducen según el ejemplo que tenéis en nosotros. Porque ahí andan muchos, de los cuales os dije muchas veces, y aun ahora lo digo llorando, que son enemigos de la cruz de Cristo; el fin de los cuales será perdición, cuyo dios es el vientre, y cuya gloria es su vergüenza; que solo piensan en lo terrenal.*

De una cosa estoy seguro; muchas iglesias han dejado de ser un organismo, y se han convertido en una organización. Son más bien clubes religiosos. Semana por semana, mes por mes, año tras año, van a la iglesia cantan coritos, oyen una predicación, que por lo general son las mismas en diferentes formas; y después de muchos años todavía tienen la casa fundada en la arena; cualquier vientecito sopla y se los lleva. En la mayoría de las iglesias ya no operan los dones del Espíritu, don de lenguas, y lenguas genuinas del Espíritu, porque la gran mayoría de gente que se pasan hablando lenguas; y sabiendo escudriñar los espíritus; son lenguas humanas, emociones, y gozo en la carne. Como prueba de esto, una misionera que fue invitada a la iglesia de Tesalónica en el Bronx NY hace más de 40 años atrás. Trajo el siguiente mensaje de parte de Dios a las iglesias: Contaba que mientras estaba trabajando de misionera en la India, una noche Dios le habló y le dijo, vas a ir a los Estados Unidos, y le vas a dar el siguiente mensaje: - *La gran mayoría de iglesias están cantando si naya, y para sí naya.* - Ella turbada no entendió qué quería decir esto. Y comenzó a pedirle a Dios interpretación de su mensaje. Dios le habló y le dijo, - *Cuando vayas a las iglesias que yo te voy a enviar, vas a ver cómo mientras tocan la música, verás gente emocionadas y hablando lenguas que no son mías. Tan pronto para la música se acaban las lenguas y todas sus emociones. Si naya; música de satanás; para sí naya; música para Satanás.* -

Cuando una persona recibe el poder del Espíritu Santo, es imposible que al momento vuelva a estar como que aquí no ha pasado nada. Otra cosa es que el Espíritu Santo no entra en cualquier cuerpo, tiene que haber santidad, y pureza. Esto del bautismo en el Espíritu Santo, y el hablar en lenguas, mucha gente en iglesias lo ha tomado como algo rutinario. (Muy peligroso) Esto significa mentir contra el Espíritu Santo.

Ya en la mayoría de las iglesias no hay don de discernimiento, ciencia, sanidad, hacer milagros, lenguas, interpretación de lenguas, (no intelectuales). El único don que se usa hoy día en la mayoría de las iglesias, ya que no se puede generalizar, es el de profecía, ya que el que por el espíritu predica está profetizando. Conozco gente que son viejos en la iglesia y por sus conversaciones y creencias no tienen el verdadero conocimiento del que nos habla su palabra; conocimiento espiritual. Colosenses 1:9,

> *Por lo cual también nosotros, desde el día que lo oímos, no cesamos de orar por vosotros, y de pedir que seáis llenos del conocimiento de su voluntad, en toda sabiduría e inteligencia espiritual. 2 Pedro 1:5, Vosotros también, poniendo toda diligencia por esto mismo, añadid a vuestra fe virtud; a la virtud, conocimiento.*

Como ya expliqué, en todas las iglesias evangélicas tienen diferentes creencias; estuvimos en iglesias Bautistas que como las identifican los pentecostales son iglesias frías con cánticos solemnes; sin embargo otras también Bautistas, parecían pentecostales. Lo mismo sucede en las iglesias metodistas. En otras ocasiones, en diferentes iglesias que también visitamos, miembros que salían a fumar, y luego entraban a seguir participando en el servicio. Estuvimos en una iglesia en Queens, NY, y miembros de la iglesia con los tickets de lotería en el centro de la iglesia discutiendo los ganadores. En una cantidad de iglesias pentecostales, los servicios son un desorden, y de grande irreverencia; hay ocasiones que, por sus formas y creencias, cantan y cantan, y hacen de todo, salen hasta las 11 y 12 de la noche, y aún más tarde en ocasiones, luego salen diciendo que Espíritu Santo tomó el servicio. (El Espíritu Santo que conozco es ordenado.)

En referencia a lo que está pasando en este tiempo, en el libro de Mateo 24:12 dice,

y por haberse multiplicado la maldad, el amor de muchos se enfriará.

Cuando analizamos el comportamiento de la mayoría de los cristianos de hoy día, pudiéramos decir con toda certeza que ya estamos viviendo en esos tiempos. La verdad es, que no se sabe con certeza quién es cristiano o no. La palabra nos dice que por sus frutos os conoceréis. El hecho de ir dos o tres veces a la semana al templo, y en algunos casos solo los domingos, semana tras semana y año tras año, esto no significa que esté dando el producto de los frutos de que nos habla la palabra de Dios. Para mí esto equivale igual a un árbol de fruto que está sembrado por muchos años, pero nunca da frutos. ¿De qué sirve?

Muchas Iglesias parecen no estar al tono con la palabra de Dios, porque en lo que a mí se refiere, han ido y van cambiando de acuerdo a como va cambiando el mundo, van practicando todo lo que el mundo hace. Cuando digo muchas iglesias es porque no se puede generalizar, ya que todavía hay iglesias que sí mantienen su luz encendida en medio de las tinieblas. Cuando hablo de iglesias me refiero a congregaciones, ya que la iglesia del Señor como ya expliqué es una. Sin embargo, creo que de estas quedan muy pocas.

Mateo 5:13-16, Vosotros sois la sal de la tierra; pero si la sal se desvaneciese, ¿con que será salada? No sirve más para nada, sino para ser echada fuera y hoyada por los hombres. Vosotros sois la luz del mundo; una ciudad asentada sobre un monte no se puede esconder. Ni se enciende una luz y se pone debajo de un almud, sino sobre el candelero, y alumbra a todos los que están en casa. Así alumbre vuestra luz delante de los hombres, para que vean vuestras buenas obras, y glorifiquen a vuestro Padre que está en los cielos.

La iglesia es la luz del mundo para disipar las tinieblas de la ignorancia moral; y es la sal de la tierra para preservarla de la corrupción moral. Desde mi nacimiento hasta este día he estado en la Iglesia, y he visto cómo la Iglesia ha venido cambiando. Por ejemplo: Los vestuarios, la adoración y cómo se ha venido modernizando, y en todo el sentido ha sido transformada. Los teólogos historiadores nos enseñan que desde el siglo primero la iglesia conducía dos tipos de culto; uno era de oración, alabanzas y predicación, y el otro de adoración conocido como fiesta de amor (Ágape). A esta fiesta solo se les permitía la entrada a los creyentes. De acuerdo con los historiadores, se comenzaron a escribir en el primer siglo, canciones espirituales que se cantaban con salmos. No fue hasta unos 30 ó 40 años atrás que se introdujo en la iglesia todo tipo de música.

En los días que estamos; hay que tener mucha conciencia en qué iglesia nos congregamos. Muchos ministros, evangelistas, y profetas, están enseñando y practicando, cosas que no son bíblicas. Están usando los pulpitos con los títulos que tienen, para sacar provecho de los feligreses. Enseñan y hasta demandan que mientras más dinero uno aporte a la iglesia, más bendiciones va a recibir de parte de Dios. Hay quienes se atreven a decir; si quieres una casa, un carro, lo que sea; dale a Dios que él te lo va a devolver al doble. Esto no es bíblico; por el contrario; la palabra de Dios nos dice lo siguiente:

2 Corintios 9:7, Cada uno de como propuso en su corazón: no con tristeza, ni por necesidad, porque Dios ama al dador alegre.

Analicemos bien lo que dice: Da como propusiste en tu corazón; más bien, no lo que te mandaron a dar; No le demos con tristeza; que lo hagamos voluntariamente con alegría. Y no lo hagamos porque necesitamos algo esperando que Dios por lo que damos nos devuelva.

Mateo 6: 8, No os hagáis, pues semejantes a ellos porque vuestro padre sabe de qué cosas tenéis necesidad antes que vosotros le pidáis.

Creo que es una ofensa a Dios, el darle con el propósito de que él te devuelva bendiciendote materiales. Imagínate que uno tenga una necesidad de algo, lo que sea y que tu hijo o hija por el que tú te has sacrificado toda su vida te diga; yo te ayudo, pero me tienes que pagar. Un hombre verdadero de Dios, depende totalmente de Dios; no tiene que usar estas artimañas anti bíblicas para sacarle dinero a la gente.

1 Timoteo 3:1-3, Palabra fiel: Si alguno anhela obispado, buena obra desea. Pero es necesario que el obispo sea irreprensible, marido de una sola mujer; sobrio, prudente, decoroso, hospedador, apto para enseñar; no dado al vino,

RESULTADOS DE LA IGNORANCIA

no pendenciero, no codicioso de ganancias deshonestas, sino amable, apacible, no avaro.

En el Señor no existen las inversiones como en Wall Street. Tenemos como cristianos, que diezmar, y ofrendar en todo lo que podamos, con un corazón alegre y agradecido; pero ese negocio de darle al Señor esperando que nos devuelva; y la información de que mientras más le des, más te va a bendecir; es una falsa mentira con propósitos lucrativos; o por meterse en compromisos financieros sin contar con el Señor. Por esto he mencionado la importancia de tener conocimiento de la palabra de Dios; el que no tiene ese conocimiento, es engañado con falsas doctrinas, y también en algunos casos, le sacan dinero con artimañas engañosas. Para no ser mal interpretado, el diezmar es un deber; y el ofrendar una bendición; los pastores son dignos de su salario; y la iglesia no opera con el aire.

1 Timoteo 5: 18, Pues la escritura dice: No pondrás bozal al buey que trilla; y: Digno es el obrero de su salario.

Como informe a principio es importante saber en qué iglesia nos congregamos, ya que es importante saber si es un organismo, o una organización; esto explica porque el mismo Jesús dijo en Mateo, 20:16,

Los primeros serán postreros, y los postreros primeros; porque muchos serán llamados, y pocos los escogidos.

Mucha gente compra prendas que supuestamente son de oro, pero luego van al joyero, y al examinarlas la respuesta es esto brilla como que es oro, pero fue solo un baño de oro que le dieron y en realidad el contenido de adentro no es oro. Así también hay muchos pastores evangelistas y "profetas;" que supuestamente brillan como que son hombres y mujeres de Dios; pero en realidad no lo son. Para el que

293

conoce la palabra de Dios, le es fácil identificar quien verdaderamente tiene llamado de Dios, y quienes no. A los que Dios ha llamado; no se enseñorean de la iglesia; son humildes, son compasivos, y llenan todos los requisitos y ordenanzas dadas por Dios quien los llamó. Cuando yo veo ministros o evangelistas que visiblemente son prepotentes, orgullosos, demandantes, y a veces hasta medios dictadores, y que solo hablan de prosperidad material, y en casos hasta demandan que se de dinero; me queda claro, que son de los que se llamaron ellos mismos al ministerio. Lo informó así porque a quien verdaderamente Dios ha llamado, es imposible que tenga ese comportamiento. Como dije al principio, esta afirmación la baso en la palabra de Dios.

1 Pedro 5:2-3, Apacentad la grey de Dios" que esta entre vosotros, cuidando de ella, no por fuerza, sino voluntariamente; no por ganancia deshonesta, sino con ánimo pronto. No como teniendo señorío sobre los que están a vuestro cuidado, sino siendo ejemplos de la grey.

Como se puede ver; No todo lo que brilla es oro.

Dios nos llama al arrepentimiento

Todos estos comportamientos son las advertencias que nuestro Señor Jesucristo nos dejó en su palabra, que estaría sucediendo para que estuviéramos apercibidos y velando. Puedo entender que los impíos que no conocen la palabra de Dios no entiendan los acontecimientos que ya han comenzado a tomar lugar como el virus COVI 19, las destrucciones por gente con un comportamiento desenfrenado y agresivo; y aún peor, respaldados por los mismos políticos; y los mismos políticos creyendo por sus acciones y expresiones que están por encima de Dios, como es el caso de lo que creen que tienen la capacidad y pueden cambiar el clima; y lo último ya firmaron el pacto de paz del que nos habla la biblia; cuando digan paz y seguridad vendrá destrucción repentina. Aunque hay hasta pastores que enseñan y creen lo contrario de los castigos ya mencionados; la palabra de Dios se cumple al pie y letra, mientras algunos cristianos ignoran, que lo que está pasando no es otra cosa que el aviso al arrepentimiento y la búsqueda a Dios, ya que los juicios que nos llevaran al final han comenzado. Dios no puede ser burlado, lo que el hombre sembrare eso cosechará. En cualquier momento puede acontecer el arrebatamiento de la iglesia; 1 Tesalonicenses 4: 13-17,

Tampoco queremos, hermanos, que ignoréis acerca de los que duermen, para que no os entristezcáis como los otros

que no tienen esperanza. Porque si creemos que Jesús murió y resucitó, así también traerá Dios con Jesús a los que durmieron en él. Por lo cual os decimos esto en palabra del Señor: que nosotros que vivimos, que habremos quedado hasta la venida del Señor, no precederemos a los que durmieron. Porque el Señor mismo con voz de mando, con voz de arcángel, y con trompeta de Dios, descenderá del cielo; y los muertos en Cristo resucitarán primero. Luego nosotros los que vivimos, los que hayamos quedado, seremos arrebatados juntamente con ellos en las nubes para recibir al Señor en el aire, y así estaremos siempre con el Señor.

Es tiempo que nos enseñoreemos de nuestro espíritu; Proverbios 16:32,

Mejor es el que tarda en airarse que el fuerte; Y el que se enseñorea de su espíritu, que el que toma una ciudad.

No solamente enseñorearnos de nuestro espíritu, pero tenemos que mediante el arrepentimiento hacernos de un nuevo espíritu Ezequiel 18:31,

Echad de vosotros todas vuestras transgresiones con que habéis pecado, y haceos un corazón y un espíritu nuevos. ¿Por qué moriréis, casa de Israel?

El espíritu, puesto que representa la naturaleza más elevada del hombre, está relacionado con la cualidad de su carácter. Aquello que adquiere dominio de su espíritu se convierte en un atributo de su carácter. De acuerdo con las influencias que lo controlan, un hombre puede tener un espíritu perverso, o un espíritu precipitado, irritable provocador, agitado, un espíritu celoso; pero también puede tener un espíritu contrito y humillado, Isaías 57:15,

Porque así dijo el Alto y Sublime, el que habita la eternidad, y cuyo nombre es el Santo: Yo habito en la altura y la santidad, y con el quebrantado y humilde de espíritu, para hacer vivir el espíritu de los humildes, y para vivificar el corazón de los quebrantados.

El alma es pecaminosa, no dejemos que el alma domine nuestro espíritu. Cuando el alma toma dominio de tu espíritu, significa que el alma ha derrotado tu espíritu; y es por esto por lo que has dejado de ser obediente a los mandatos divinos. El corazón es el centro de la vida de los deseos, voluntad y juicio. El amor, el odio, la determinación, la buena voluntad, la alegría. El corazón conoce, entiende, delibera, evalúa, calcula. En el corazón se forman los pensamientos, y los propósitos, ya sean buenos o malos. El corazón es el centro de la vida y las emociones. En el corazón hay gozo y placer. También es el centro de la vida moral. En el corazón es donde Dios ha escrito sus leyes, y donde son renovadas por la operación del Espíritu Santo cuando adoptamos las decisiones correctas. Lo correcto es buscar a Dios en espíritu y verdad. En lugar de juzgar y criticar los líderes que Dios en su omnisciencia ha permitido, siendo El conocedor de todas las cosas; ora por ellos para que Dios los ilumine. El Señor no viene a buscar ni Sacerdotes con título, ni pastores con experiencia, ni predicadores elocuentes, ni feligreses cantando me voy con Él. Viene a buscar una Iglesia sin manchas y sin arrugas. Que no nos pase lo que les pasó a las vírgenes fatuas de Mateo 25.

El hacer caso omiso trae muy malas consecuencias; es claramente visible que a muchos les va a pasar lo mismo que le paso a la gente cuando Noé, Mateo 24:38-39,

Porque como en los días antes del diluvio estaban comiendo y bebiendo, casándose y dando en casamiento, hasta el día en que Noé entró en el arca, y no entendieron hasta que vino el diluvio y se los llevó a todos, así será también la venida del Hijo del Hombre.

Doy esta información porque es claramente visible con la frialdad espiritual que mucha gente está tomando los acontecimientos presentes. Lucas 21; 9-20, Y

cuando oigáis de guerras y de sediciones, no os alarméis; porque es necesario que estas cosas acontezcan primero; pero el fin no será inmediatamente. Entonces les dijo: Se levantará nación contra nación, y reino contra reino;11y habrá grandes terremotos, y en diferentes lugares hambres y pestilencias; y habrá terror y grandes señales del cielo. Pero antes de todas estas cosas os echarán mano, y os perseguirán, y os entregarán a las sinagogas y a las cárceles, y seréis llevados ante reyes y ante gobernadores por causa de mi nombre. Y esto os será ocasión para dar testimonio. Proponed en vuestros corazones no pensar antes cómo habéis de responder en vuestra defensa;15porque yo os daré palabra y sabiduría, la cual no podrán resistir ni contradecir todos los que se opongan. Mas seréis entregados aun por vuestros padres, y hermanos, y parientes, y amigos; y matarán a algunos de vosotros; y seréis aborrecidos de todos por causa de mi nombre. Pero ni un cabello de vuestra cabeza perecerá. Con vuestra paciencia ganaréis vuestras almas. Pero cuando viereis a Jerusalén rodeada de ejércitos, sabed entonces que su destrucción ha llegado.

Jeremías 6:16-19, Así dijo Jehová: Paraos en los caminos, y mirad, y preguntad por las sendas antiguas, cuál sea el buen camino, y andad por él, y hallaréis descanso para vuestra alma. Mas dijeron: No andaremos. Desperté también sobre vosotros atalayas, que dijesen: Escuchad a la voz de la trompeta. Y dijeron ellos: No escucharemos. Por tanto, oíd, gentes, y conoce, oh conjunto de ellas. Oye, tierra. He aquí yo traigo mal sobre este pueblo, el fruto de sus pensamientos; porque no escucharon a mis palabras, y aborrecieron mi ley. Así ha dicho Jehová de los ejércitos, Dios de Israel:

Jeremías. 7:21-28, Más esto les mandé, diciendo: Escuchad mi voz, y seré a vosotros por Dios, y vosotros me seréis por pueblo; y andad en todo camino que os mandare, para que os vaya bien. Y no oyeron ni inclinaron su oído; antes caminaron en sus consejos, en la dureza de su corazón malvado, y fueron hacia atrás y no hacia adelante, Desde el día que vuestros padres salieron de la tierra de Egipto hasta hoy. Y os envié a todos los profetas mis siervos, cada día madrugando y enviándolos, más no me oyeron ni inclinaron su oído; antes endurecieron su cerviz, e hicieron peor que sus padres. Tú pues les dirás todas estas palabras, (más no te oirán; aun los llamarás, y no te responderán.) Les dirás, por tanto: Esta es la gente que no escuchó la voz de Jehová su Dios, ni tomó corrección; perdieron la fe, y la boca de ellos fue cortada.

8:4-:12: Les dirás, asimismo: Así ha dicho Jehová: ¿El que cae, no se levanta? ¿El que se desvía, no torna á camino? ¿Por qué es este pueblo de Jerusalén rebelde con rebeldía perpetua? Abrazaron el engaño, no han querido volverse. Escuché y oí; no hablan derecho, no hay hombre que se arrepienta de su mal, diciendo: ¿Qué he hecho? Cada cual se volvió a su carrera, como caballo que arremete con ímpetu a la batalla. Aun la cigüeña en el cielo conoce su tiempo, y la tórtola y la grulla y la golondrina guardan el tiempo de su venida; más mi pueblo no conoce el juicio de Jehová. ¿Cómo decís: ¿Nosotros somos sabios, y la ley de Jehová es con nosotros? Ciertamente, he aquí que en vano se cortó la pluma, por demás fueron los escribas. ¿Se han avergonzado de haber hecho abominación? Por cierto, no se han corrido de vergüenza, ni supieron avergonzarse; caerán por tanto entre los que cayeren, cuando los visitaré: caerán, dice Jehová.

Jeremías 9-1-11, ¡OH si mi cabeza se tornase aguas, y mis ojos fuentes de aguas, para que llore día y noche los muertos de la hija de mi pueblo! ¡Oh quién me diese en el desierto un mesón de caminantes, para que dejase mi pueblo, y de ellos me apartase! Porque todos ellos son adúlteros, congregación de prevaricadores. E hicieron que su lengua, como su arco, tirase mentira; y no se fortalecieron por verdad en la tierra: porque de mal en mal procedieron, y me han desconocido, dice Jehová. Guárdese cada uno de su compañero, ni en ningún hermano tenga confianza: porque todo hermano engaña con falacia, y todo compañero anda con falsedades. Y cada uno engaña a su compañero, y no hablan verdad: enseñaron su lengua a hablar mentira, se ocupan de hacer perversamente. Tu morada es en medio de engaño; de muy engañadores no quisieron conocerme, dice Jehová. Por tanto, así ha dicho Jehová de los ejércitos: He aquí que yo los fundiré, y los ensayaré; porque ¿cómo he de hacer por la hija de mi pueblo? Saeta afilada es la lengua de ellos; engaño habla; con su boca habla paz con su amigo, y dentro de sí pone sus asechanzas. ¿No los tengo de visitar sobre estas cosas?

dice Jehová. ¿De tal gente no se vengará mi alma? Sobre los montes levantaré lloro y lamentación, y llanto sobre las moradas del desierto; porque desolados fueron hasta no quedar quien pase, ni oyeron bramido de ganado: desde las aves del cielo y hasta las bestias de la tierra se trasportaron, y se fueron. Y pondré a Jerusalén en montones, por moradas de culebras; y pondré las ciudades de Judá en asolamiento, que no quede morador.

Salmo 11-4-6, Jehová está en su santo templo; Jehová tiene en el cielo su trono; Sus ojos ven, sus párpados examinan a los hijos de los hombres... Jehová prueba al justo; Pero al malo y al que ama la violencia, su alma los aborrece. Sobre los malos hará llover calamidades; Fuego, azufre y viento abrasador será la porción del cáliz de ellos.

Proverbios 1:-24-26, Por cuanto llamé, y no quisisteis oír, Extendí mi mano, y no hubo quien atendiese. Sino que desechasteis todo consejo mío Y mi reprensión no quisisteis, También yo me reiré en vuestra calamidad, Y me burlaré cuando os viniere lo que teméis, cuando viniere como una destrucción lo que teméis, Y vuestra calamidad llegare como un torbellino; Cuando sobre vosotros viniere tribulación y angustia... Entonces me llamarán, y no responderé; Me buscarán de mañana, y no me hallarán. Por cuanto aborrecieron la sabiduría, Y no escogieron el temor de Jehová Ni quisieron mi consejo, Y menospreciaron toda reprensión mía. Comerán del fruto de su camino, Y serán hastiados de sus propios consejos Porque el desvío de los ignorantes los matará, Y la prosperidad de los necios los echará a perder. Mas el que me oyere, habitará confiadamente Y vivirá tranquilo, sin temor del mal.

Tengo la certeza, que el Espíritu Santo me ha inspirado a escribir toda esta información desde el comienzo hasta el final, tanto para los cristianos como los no cristianos. Está del lector creer las advertencias que Dios nos da, o no creer. Yo salvo mi responsabilidad en darles lo que Dios me ha dado.

El deber del atalaya

Ezequiel 33

1Vino a mí palabra de Jehová, diciendo:2Hijo de hombre, habla a los hijos de tu pueblo, y diles: Cuando trajere yo espada sobre la tierra, y el pueblo de la tierra tomare un hombre de su territorio y lo pusiere por atalaya,3y él viere venir la espada sobre la tierra, y tocare trompeta y avisare al pueblo,4cualquiera que oyere el sonido de la trompeta y no se apercibiere, y viniendo la espada lo hiriere, su sangre será sobre su cabeza.5El sonido de la trompeta oyó, y no se apercibió; su sangre será sobre él; más el que se apercibiere librará su vida.6Pero si el atalaya viere venir la espada y no tocare la trompeta, y el pueblo no se apercibiere, y viniendo la espada, hiriere de él a alguno, éste fue tomado por causa de su pecado, pero demandaré su sangre de mano del atalaya.7A ti, pues, hijo de hombre, te he puesto por atalaya a la casa de Israel, y oirás la palabra de mi boca, y los amonestarás de mi parte.8Cuando yo dijere al impío: Impío, de cierto morirás; si tú no hablares para que se guarde el impío de su camino, el impío morirá por su pecado, pero su sangre yo la demandaré de tu mano.9Y si tú avisares al impío de su camino para que se aparte de él, y él no se apartare de su camino, él morirá por su pecado, pero tú libraste tu vida.

Solo le pido a Dios que sea la fuente de mi inspiración, que lo aquí escrito sirva para beneficio de los lectores, ya que como mencione al principio, los resultados de la ignorancia nos van a traer resultados catastróficos.

Fin

Biografía

El escritor de este libro, Obed Del Toro Lugo, nació en Cabo Rojo, Puerto Rico, un 12 de Agosto de 1944. Hijo de José del Toro, y Paula Lorenza Lugo (Loren). Sus raíces y conocimiento teológico es el resultado de haber tenido unos padres que desde su nacimiento lo instruyeron muy bien en los estudios de teología. Ambos padres fueron maestros de teología en el Instituto Bíblico de las Asambleas de Dios en Bayamón Puerto Rico. Su madre fue graduada con altos honores de la Universidad Interamericana de Puerto Rico; maestra en las escuelas públicas de Puerto Rico, y misionera por 50 años en el concilio de Dios Pentecostal. Tres de sus 5 hermanos son ministros por más de 50 años, Joel, el cual posee un Doctorado en Teología, fue también Decano del Instituto Bíblico de las Asambleas de Dios en Bayamón PR; fue Secretario Tesorero del Distrito Hispano del Este de las Asambleas de Dios por cerca de 15 años. Su hermano menor el Doctor José Del Toro Junior, tiene un Doctorado en Teología, y es Doctor Psicólogo. José trabaja de conferencista a través de Latino América, el Caribe, y los Estados Unidos de América, ya que Dios le ha dado la bendición de tener el conocimiento Teológico y Psicológico, por lo que está siendo de bendición a muchas personas en todos los países mencionados. Al igual su hermana Sara, que también se graduó del Instituto Bíblico de las Asambleas de Dios en Teología, y siguiendo los ejemplos de su madre, es también ministro de las Asambleas de Dios, y está ministrando en la Palabra por más de 40 años. Fue maestra del Instituto Bíblico de las Asambleas de Dios en Reading, PA; y también en la Rama de Ft Lauderdale FL. Su hermano mayor Esteban y Obed se dedicaron a la música y a otras labores eclesiásticas; Esteban fue director de cadetes a nivel nacional. Obed se dedicó a la música y al estudio de teología bíblica y sistemática. En el año 1962 a los 18 años se unió a sus dos hermanos Esteban y José, y formaron un trío de voces y guitarras que llevó el nombre de Voces Cristianas. Este fue un trío famoso de música religiosa en los años 60, en el que hicieron grabaciones muy populares como el Cojo de la Hermosa, y otras más compuestas por Obed, quien también heredó el talento de música de su padre, y el de su madre, que escribió himnos muy escuchados y también grabados por algunos tríos y otros cantantes, como el himno Las Espinas darán Rosas.

Obed, más tarde se unió al hermano Ángel Pablo Ortiz y formaron el trío Tesalónica, en el Bronx, New York. En el año 1983 se unió a Rubén Esquilín y Ángel P Ortiz al trío famoso de Ecos Melódicos del cual hicieron unas cuantas grabaciones de larga duración, en las que también participó el hermano Johnny Colón que también fue integrante del trío, y el hermano Edgar Siliezar que fue el bajista. Como ya ha sido mencionado, Obed es compositor ha compuesto grandes números que han sido grabados en su mayoría por los tríos Ecos Melódicos y Voces Cristianas, y otros cantantes como la hermana Carmen Sanabria que grabó El Valle Del Dolor. A principio del año 90, Obed se mudó al estado de la Florida, y comenzó a trabajar para la obra del Señor en la administración como Ministro de Alabanzas. También comenzó a desarrollar sus conocimientos del Gobierno de la Iglesia en Teología Bíblica y Sistemática, y ayudó a escribir tres constituciones en tres diferentes Iglesias. Obed está casado con Antonieta Mirna del Toro del cual nacieron tres hijas, Loren Margarita, Xóchitl Garnet, y Valeria Antonieta. También es el padre de Obed Jr. Betzaida y Sandra.

Término informándoles que soy un ciudadano común al igual que todo el mundo con convicciones muy conservadoras y totalmente basadas en la palabra de Dios. Por naturaleza no he sido persona de fiestas ni de otras actividades, siempre he sido apasionado y dedicado al estudio de toda materia que sirva para beneficiar a todo ciudadano tanto cristianos como no cristianos.

Gracias a Dios trabaje 47 años consecutivos sin tener la necesidad de estar en una fila de desempleo. 25 años en la empresa privada y 22 con el gobierno federal en el servicio postal. Durante estos 47 años tuve el privilegio de servir como representante de sindicato. 9 años en la industria privada y 15 en el servicio postal de los Estados Unidos un total de 24 años como representante y defensor de los trabajadores con muy buenos éxitos.

Amo a Dios sobre todas las cosas, a mi esposa y familia, la música desde mi nacimiento, amo a toda la gente, amo la justicia, amo la cuna que me vio nacer Cabo Rojo, Puerto Rico, y a los Estados Unidos de América con todo mi corazón.

Obed Del Toro Lugo